포기하는 용기

......................

# 为自己，敢不敢再活一次

[韩]李昇旭 著

薛舟 徐丽红 译

著作权合同登记号　桂图登字：20-2013-256号

포기하는 용기 The courage of letting go
Copyright 2013© by 이승욱李昇旭
All rights reserved
Simple Chinese Copyright © 2015 by Guangxi Science &Technology Publishing House Ltd.
Simple Chinese language edition arranged with Sam & Parkers Co.,Ltd.
through Eric Yang Agency Inc.
本书由韩国文学翻译院资助发行。

**图书在版编目（CIP）数据**

为自己，敢不敢再活一次/(韩)李昇旭著；薛舟，徐丽红译。—南宁：广西科学技术出版社，2015.6
ISBN 978-7-5551-0434-6

Ⅰ.①为…Ⅱ.①李…②薛…③徐…Ⅲ.①人生哲学—通俗读物 Ⅳ.①B821-49

中国版本图书馆CIP数据核字（2015）第105519号

WEI ZIJI, GANBUGAN ZAI HUO YICI
为自己，敢不敢再活一次

| | | |
|---|---|---|
| 作　　者：〔韩〕李昇旭 | 责任审读：张桂宜 |
| 责任编辑：陈恒达　刘　默 | 封面设计：友　雅 |
| 版权编辑：周　琳 | 版式设计：友　雅 |
| 责任校对：曾高兴　田　芳 | 责任印制：陆　弟 |

出版人：韦鸿学　　　　　　　　　　　出版发行：广西科学技术出版社
社　　址：广西南宁市东葛路66号　　　邮政编码：530022
电　　话：010-53202557（北京）　　0771-5845660（南宁）
传　　真：010-53202554（北京）　　0771-5878485（南宁）
网　　址：http://www.ygxm.cn　　　　在线阅读：http://www.ygxm.cn

经　　销：全国各地新华书店
印　　刷：北京盛源印刷有限公司　　　邮政编码：101109
地　　址：北京市通州区漷县镇后地村村北工业区
开　　本：880mm×1240mm　　1/32
字　　数：83千字　　　　　　　　　　印　　张：6.375
版　　次：2015年6月第1版　　　　　　印　　次：2015年6月第1次印刷
书　　号：ISBN 978-7-5551-0434-6
定　　价：32.00元

我们每个人都想把手伸向夜空，去捕捉那属于自己的星星。

但却极少有人能正确地知道自己的星星在哪一个位置。

——田中芳树

# 【目录】

# 序言

## 放下吧，你正拥有一切

　　人遇到的痛苦大多来自生活的平衡遭到破坏。如果用天平做比喻，就是天平的一边放着欲望，另一边放着现实。一边过重，平衡就会被打破。我们痛苦的瞬间大多是欲望的重量超出了现实拥有的时候。

　　为了达到人生平衡，人们试图往现实的天平上添加更多的东西，比如读更好的大学，拥有更好的工作，获得更高的收入。可是，我们忘了，保持平衡的方法除了往现实的天平上添加外，还可以让欲望的天平变轻。

　　所有的欲望都有根有源。我们再来慢慢观察和思考欲望的根源，不难看出，这个根源就是"焦虑"。

再次思考"焦虑"的时候，我产生了这样的疑问。现在我们生活的时代真的很混乱，很焦虑，难道只有现在是这样吗？自从人类诞生以来，可曾有过不焦虑的时代？每个时代的有识之士都经常自以为是地说"当今时代是焦虑的时代"。佛陀时代、耶稣时代、中世纪、世界大战时期，人类都处于焦虑状态。

"也许焦虑的不是时代，而是我们自己。"于是我得出结论，时代的焦虑只是焦虑的个体的总和。那么，生活在当今时代的人们综合了哪些焦虑，造就了这样的时代呢？


每个时代的焦虑都会反映出人们生活的薄弱环节。人们曾饱受与生存相关的焦虑的煎熬。可是现在，我们不用再为生存而焦虑了。

今天让我们感到混乱的是"存在的焦虑"。有的人到了老年，仍然怀疑自己的一生，不知道自己是谁。这个时代的人以身份的名义分裂成为太多的碎片。

在出生地理所当然为死亡地的时代，父亲的职业就是子女的职业，100年前还是这样。时至今日，已经很少有人死在出生的地方了。人际关系、空间在急剧变化。以前在大企业做部长的人，几年后成了露天商贩；经营中小企业的人，几个月后就有可能沦为信用不良的破产者。

现在，父亲的角色太过模糊，母亲的角色堕落为经纪人。大多数年轻人轻视恋爱，恐惧婚姻，逃避育儿。虽然不是我们主动把世界变成这个样子，至少我们对世界的变化熟视无睹，或者参与，或者积极协助，这是不争的事实。

在世界改变的过程中，我们无法解决根本问题，只是在夹杂着安慰的甜蜜故事中寻得治愈。将那些过着自己向往却无法体验的生活的人，当成替代满足对象加以尊敬，从中获取力量。

我们读励志书，给自己打鸡血；我们看美文，让自己感受温暖；流传网上点击量惊人的演讲、视频纪录片，感慨这个人在多么不可想象的条件下，创造出了奇迹……

可是那些都是骗人的。我的意思不是说这些道理、说法和事迹的真实性不可靠，而是不可行。它们只会令你徒增不切实际的奢望幻想。所以，我说这是精神的类固醇，也就是俗话说的"忽悠"。你从中获得的正能量也好，感动也好，最多持续不到两三天，雄心勃勃的重新开始往往会沦为无疾而终。

我们为什么会这样？

因为，那些都是别人的。别人说的，别人做的，别人说应该这样，你就觉得"对! 没错"，然后，它们变成了你的欲望。所谓的鸡血、正能量，都是你欲望的变相，也是焦虑的变相。说白了就是，别人那样了，而你没那样，所以你要像别人一样。

这就是欲望，是焦虑。

时代的焦虑是个体焦虑的总和，我们对这个时代负有责任，而我们并没有对自己的生活承担起正确和积极的责任。

不过，我在本书中要讨论的并不是责任问题。

我最想说的是关于存在，关于"我"这个存在的焦虑，以及因焦虑而产生的大量问题的解决方法。我会更多、更严肃地谈论焦虑的起源。我想说的是，所谓责任并不是争辩我做了什么，而是反省我没有做到的事情。不要自怨自艾："我这么努力，这么辛苦地生活，为什么如此痛苦?"肯定有一些你应该做却没有做到的事情。只有找到这些，我们才能从现在的痛苦中解脱出来。

如果你希望从他人身上得到什么补偿，请放弃这个欲望。对，这种想法本身就是欲望。如果为了自我满足而需要得到他人的认可，也请把这个欲望放弃。我们需要放弃的正是试图通过他人获取幸福的欲望。我们没有做到的也许就是放弃了。

最后我们会明白，原来，放弃是为了让自己更加美丽。

完成放弃的这个过程，再到完成此书，我共用了两年时间。通过对"我这个人，还算不错吗""我，为谁而活""我，为什么焦虑""我对他人有何要求"这四个问题的系统解答，我希望你可以不必为了获得他人的认可，扮演社会赋予你的角色，而是发现自己，并发自内心地认可自己，为自己活一次。

这注定是一个痛苦的过程。现在，我将和各位一起直面痛苦。希望这会成为你在痛苦中寻找出路的新体验。

李昇旭

第 1 章

# 我这个人，还算不错吗

## 我们从出生起就汲汲于被认可

现在，我们的社会似乎处于某种边缘，有些东西正在沉沦，慢慢塌陷。

这个过程当中，到处都充满了让人这样生活或那样生活的说法。众说纷纭，听起来都不无道理。大致可以总结为"不要太贪心，但是要竭尽全力，即使失败也不要沮丧，坚持到底，迟早有一天世界会认可你"。也有人把范围扩大，"即使在社会上没能取得成功，也有很多办法实现自我价值。因此不要比较，要发现自己，总有办法让世界认可你"。

这些话都说得很好。如果让我挑毛病的话，我希望各位至少不要接受"世界的认可"这种说法。

想要获得外界的认可正是我们痛苦的根源。

一位大学生向我倾诉苦恼。他考上了韩国很难考取的大学。得到消息那天，深夜下班回家的父亲把儿子叫到面前，对他说道：

"你不要像我这样，不要做我这样的公司职员。"

他说，那天父亲的语气很悲伤，仿佛加入了半生的重量。父亲是韩国首屈一指的大企业的高层管理人员，总是很努力，自信满满。听了父亲的"忏悔"之后，青年感到无比混乱。如此优秀的父亲竟然一辈子都在怀疑自己的人生。

除此之外，我还遇到过很多"成功人士"的忏悔，都是终于意识到自己因为无法摆脱"世界的认可"而牺牲了自己的人生和梦想，从而使人生变得空虚，只能悲伤地感叹。

世界的认可……仔细想想，我们是多么渴望"认可"。我们似乎过分敏感于他人的认可，试图得到父母、老师、朋友、教授、上司，甚至子女、学生、后辈们的认可。像我这样的心理学家也想得到咨询者的认可。除了这些亲密关系，我们还需要通过各种考试和评价、升职和年薪等方式确信自己得到认可，才能感到安心。

现在就让我们试着抛弃这种欲望，不再试图得到他人或世界的认可，这样生活会变得轻松许多。即使保持同样的生活状态，生存也不会像从前那般沉重。

这并不容易做到。逃离他人的或有声无声的认可，其困难程度就像摆脱社会欲望。

我们究竟为什么那么想要获得他人的认可，获得由他人构成的世界的认可？我们不会是从出生就为了得到认可而奋力挣扎的存在吧？很遗憾，我们的确是这样的存在。

从很小的时候，我们为了得到父母的认可而努力。很多成绩也只是为了得到父母的认可。进行精神分析的时候，我经常看到这种情况。

有一位性格安静的女性，她总是观察身边的人有什么需要，没等对方提出要求就主动帮忙。她说不喜欢自己的性格，希望能有所改变。她也为这种过分考虑他人感受而忽视自己意见的性格感到郁闷。我们尝试着分析这种性格的形成过程，最后从她的童年找到了线索。

那是五岁的时候，她正在院子里一个人玩捉迷藏，忙于做家务的母亲从旁经过，看到正在玩耍的她，称赞说"哎哟，我们智英一个人也能安静地玩啦，真让妈妈省心"，然后就过去了。

我们不能将她的性格完全归因于这次小小的事件。但是，这个事件无疑会成为核心线索，能够帮助我们了解影响其性格的周边状况。她是家里的四女儿，下面还有两个弟弟，姐姐们和她年龄相差较大，不和她玩。母亲常常忙于家务，还要照顾多名子女，很是辛苦。她夹在中间，当然很难得到母亲的关注和照顾。

母亲那天的简短称赞使她相信"我一个人安静地玩可以让妈妈开心，这是让辛苦的妈妈省心的唯一办法"。是不是有点儿离谱呢？可是，人的心理还会发生比这更离谱的事情。这在心理学上叫做"不合理性信念（irrational belief）"。

我们再来看具有相反气质的人。有个男子浑身上下充满了"绝对不能输"的气场，这种超级竞争心理让他绝对不能容忍自己输给任何人。如果败给别人，他就会绝望得要命，仿佛坠入了深渊。不过，他输掉的竞争大多没什么意义，不是生死攸关的重要竞争，比如室内高尔夫球场和同事赌酒，或者公司内部运动会的摔跤比赛等。别人一笑而过，他却很当回事。

起先，他以为强烈的竞争心理对社会生活有帮助，能使人生充满活力。可是每个瞬间都在竞争心理中度过，那该是多么痛苦。何况谁也不可能总是赢，偶尔的失败和由此产生的挫折感使他备受煎熬。

这位男士的竞争心理从何而来？童年时代"父母的认

可"堪称根本性的要素。

他的父亲是远近闻名的大力士，经常召集附近的孩子，让他们在院子里摔跤或赛跑。上小学之前，这个男人已经熟悉了和邻居孩子之间的竞争。他还有两个兄弟，比试力气是家常便饭。

跟朋友们赛跑或摔跤的日子，如果哪个儿子得了第一名，父亲会在晚饭桌上大加称赞。母亲也会说："哎呀，我的大力士儿子，多吃点儿。"边说边夹起鱼或鸡蛋等当天饭桌上的主菜，放在他的米饭上面。这是父母的奖励。赢得主菜的儿子和没得到主菜的儿子之间，气氛微妙。

某个节日，社区举行摔跤比赛，每次都胜利的父亲败给了年轻的新锐，而儿子却在当天和同龄人的摔跤比赛中得了第一名。失败的父亲喝醉了，回到家后低头坐在角落里。母亲不满地看着父亲，向赢得摔跤比赛的儿子投去赞许的目光，吃饭时往儿子的饭碗里夹了很多肉，还说"现在信得过的人只有我儿子了"。这句话成了祸根，刻在儿子的心底。从那之后，这个男人的字典里就再也不允许有失败二字。

早在很久以前，父母的认可就成了人类生命中的重要基准。仔细想想，你也会发现自己从小就想得到父母的认可。因此可以说，我们试图得到的所有社会认可的发源地就是父母的认可。长大成人以后，原本期待从父母那里得到的认可，变成了对上司或老师、圣职者、配偶的期待。如果持续得不到自己想要的认可，就会感到不安，并且为了得到认可而过分努力。

问题来了，这个世界的机制就是利用我们想要得到认可的欲望榨取我们。

女人要温柔贤淑，善解人意，善于照顾家人，只有在满足这些社会要求的时候，女人才能获得认可。男人要成功做好自己的工作，要事业有成，养家糊口。前面提到的男人和女人就要在这种结构中满足得到认可的欲望。

利用人们对认可的汲汲渴求进行榨取，这就是世界的机制。

如果不知道"认可的历史"，而是听信名人们说的"首先认可自己"，加以自我暗示，"首先认可自己"的奇迹是绝对不可能发生的。相反，看到不管怎样努力都得不到认可的自己，你还会产生无法摆脱的挫败感。

## 自己，世界上最陌生的存在

好，我们再向前迈一步。这次应该是关于爱与认可的最根源问题。

我们为什么如此迫切地渴望得到来自父母的认可？这种渴望过于理所当然，哪怕我们已经长大成人，还是渴望得到父母的认可。所以说，这是个现在进行时的问题。

听一听来自精神分析学的解释。

阿尔贝·加缪遗著当中有部题为《第一个人》的小说。题目是不是很有趣？第一个人……谁是第一个人呢？试图找出人类历史上的第一个人，这恐怕不可能，不过找出我们生命中的第一个人就相对容易了。

你们生命中的第一个人是谁呢？

……

你的回答是"母亲"吗？还是父亲或其他人？有没有因为和父母关系太糟糕而不承认父母的呢？应该也有人把自己遇到的最有人情味的人当成第一个人。有没有人把"我自己"认定为第一个人的呢？我猜应该没有。

大部分人都会把母亲当作生命中的第一个人。

我经常在讲课时或各种私人场合提问："你生命中的第一个人是谁？"大部分人都回答是母亲，偶尔有人回答是其他重要而且亲近的人，至今还没有遇到谁把自己当成第一个人的。所以我就假设你也认定母亲是生命中的第一个人，由此继续下面的话题。

现在，我从问答过程中了解到一个非常重要的事实。看出来了吗？我们最初认识的人不是自己，而是他人（不管是母亲、父亲还是祖母）。

我再举一个与此相关的最有力的例子。包括你在内，你见过哪个婴儿最先说出的单词是"我"吗？出生几个月后，孩子会咿咿呀呀地说出"妈妈"或"爸爸"等单词。除了这些，当孩子开始说出有目的的单词，也就是指称对象或表达意思的时候，最早说出的话是什么？十有八九会是"妈妈"，偶尔也有先说"爸爸"的。你应该从未见过先说"我"的孩子。我也从未见过，从未听说过这样的事。

这意味着什么？意味着我们最早认识的对象是他人。最早引入孩子的认识体系的人不是自己，而是妈妈。

出生后的几个月，大约五六个月吧，这个阶段在心理学上叫做"共生期"。这个时期处于自己和他人之间没有界限的状态。尤其是孩子，在妈妈腹中的经历依然强烈地留存于体内，难以区分妈妈和自己。因为没有任何学习经历，所以也不存在自我——他人的概念。因此，孩子刚出生的时候也不可能有我、妈妈、爸爸、奶瓶等概念。这个时期的孩子分不清自己和他人。

孩子认为妈妈和自己是一体的。孩子就在这种状态下接受周围的刺激，随着身体渐渐发育，智力和感觉也更加发达。到了六个月左右，孩子隐约知道自己和妈妈不是同一存在。尽管无法彻底解释，然而孩子确实经历了不简单的过程才把自己和妈妈分离开来。孩子称呼他人为"妈妈"，这是把自己和妈妈分离开来的确凿证据。

我觉得这是人类最初的悲剧：最先认识的个体不是自己，而是他人。对于孩子来说，"母亲"是综合体，是代表世间所有他人的人物。这个时期的孩子不可能有姨妈、姑妈、叔叔之类的概念。所有的人都包含在"母亲"里面。

这种状况意味着什么? 为了认识我,需要他人的存在,需要他人认可我。也就是说,若想生成"我"的概念,需要母亲(你,他人)呼唤我(主体),必须以这种方式得到认可。主体生成之前,他者已经先行生成。

听起来是不是很头疼? 这就是我们自己的生活史。即使有点儿头疼,也值得听一听。

最快八个月,通常需要10—12个月,孩子们开始使用"妈妈"这个最初的词汇。最初的词汇用来称呼第一个人,真的很有意思。著名哲学家马丁·海德格尔说:"语言是存在之家。"我的专业是海德格尔哲学,自然相信他的思想和语言。如果说语言是存在的家,那么孩子最早使用的语言"妈妈"就是孩子存在的家。这意味着孩子还没有承载自我的单词,也就是还没有家。也可以说,只有通过"妈妈"这个他人,才能认识自我。

孩子渐渐长大,断乳,直立行走。到了两三岁,终于能够随心所欲地玩各种东西了,这时候常用的单词就变了,开始经常使用"这是我的","我自己来","是我,是我"等第一人称。

我们来做个总结。人在形成自我的过程中，首先形成的不是第一人称（我），而是第二人称（妈妈）。也就是说，第二人称更为重要。在形成自我的顺序中，妈妈（他人）第一，自我第二。这个问题是不是很严重？从一出生，我们内心深处就形成了需要他人不断认可才能确认自我存在的机制。

如果父母（母亲）提供了足够的正面认可和刺激，孩子就会形成健康的自我。如果孩子被认可为充分而健康的"存在"，那么孩子在成长过程中，甚至在长大以后都不太可能因为他人的评价或喜或悲。

该时期妈妈对待孩子身体的态度至关重要。换尿布的时候，孩子哭泣的时候，喂奶的时候，妈妈对待孩子身体的态度会成为形成日后孩子身体形象和自尊感的重要因素。

更重要的是妈妈看孩子的目光。这个时期孩子和妈妈最重要的交流就是"注视"，因为这个时期还无法通过语言表达自己的意思。妈妈用充满爱意的目光，温柔地注视孩子的时间越多，孩子的自我认知就会越积极，越牢固。

我甚至会说"存在由凝视雕刻而成"。长大以后的孩子，甚至养育孩子的母亲本人，都不会记得当初怎样用身体语言对待孩子。但是，记不住并不意味着曾经的体验会消失。这些体验储存在孩子的身体里，在以后的日子里，该时期被养育经历依然在身体深处下意识地发挥作用。

请注意身边的人大多用怎样的视线看自己。

即使在家庭成员之间，互相用温柔友善的目光注视彼此的情况也不多见，甚至连父母与子女之间也是这样。那么夫妻、恋人之间又是如何呢？你和你珍爱的人会用成为一生"认可记忆"的目光互相注视吗？

## 世上所有的心灵鸡汤都是骗人的

怎样才能让更多的人幸福地生活？怎样才能结束长期摆脱不掉的痛苦？肯定有很多人陷入类似的苦恼中难以自拔。

对这些问题，有太多劝慰的话可以说，毕竟，现在是个导师盛行的年代。对其中很多人，可以劝他们"首先爱自己"，"首先认可自己"。很多号称有生活智慧的人，比如心理学家、教授、社会名流等异口同声地劝说人们先爱自己，先认可自己。

听了这话或者读到这些文字，人们会连连点头："是的，如果我不爱自己，不认可自己，还能指望谁呢？"也有人（在几天内）会自我暗示："我爱我自己，我是可爱的人。"还有人在睡觉之前自我催眠："我是有能力的人，我认可自己。"

这样的劝慰不能说完全错误。因为很多时候，我们生命中的很多不幸都来自轻视自己，过分贬低自己的能力。

我们不妨想一想，有没有人因为过分高估或夸大自己的能力而导致失败和挫折呢？先是贬低自己，继而高估自己，这样的事情在每个人的心里反复发生，不是吗？轻视自己固然不对，毫无来由的自信也是同样严重的问题。

拥有自信和自爱、接纳自己之前，似乎还要先做些别的事情。作为心理学者，我认为，我们应该尽可能地多了解自己的人生。如果没有完全了解自己，盲目照搬社会成功人士或世俗成功者的话，当作自己人生的答案，那样势必会引起内心的矛盾。

长期因自卑而痛苦的人听了某位名人的讲座，突然信心大涨，这种自信很可能是虚幻的泡影。如果名人一句话就能改变人生，这样的人生岂不是太轻浮，太荒唐吗？但愿你不会因为名人一句话就彻底颠覆了自己的人生。当然，深深感动之后真心想要改变的情况除外。

反过来说，只有达到不为他人的一句话就改变生活态度的时候，这样的人生才有资格得到尊重。人生就是如此严密。仔细想想，虽然我们的生命发生变化只在瞬间，然而变化之前的过程绝对不可小觑。一句话不可能替代这个复杂微妙的过程。

## 你的人生，只应由你指指点点

前面说过，人生变化发生的瞬间虽然短暂，但是要想使变化成为可能，需要经历漫长的反省过程。不管什么变化，都需要满足两个条件。

第一，变化发生之前需要经历某种"过程"。过程本身就具有充分的意义。

第二，肯定存在"使我的人生更加正确"的过程。"使我的人生更加正确"的过程，指的是只为我一个人准备的过程。不是追随他人、迎合他人的生活，而是只属于你自己的过程。你的人生，也不该是被别人断定为"更好的路"而被盲目追随。

这里存在微妙的差异。有的读者可能看出来了，刚才我分别用了"正确"和"更加正确"的措辞。日常生活当中，这两种说法通常被用来表达相似的含义。下面我根据自己想要传达的意思，做出更细致的解释。

"更加正确"的方法大多是通过"分析利害"做出的判断，而"正确"的方法则抛开利害关系，选择自己认为正确的方向。


为了帮助大家理解，我讲一个朋友的故事。那是我在国外学习时遇到的美国朋友。为了保护他的隐私，我在这里使用化名，就叫他汤姆吧。汤姆毕业于美国东部某名牌大学。他努力学习，获得了奖学金，以优异的成绩毕业。上学期间，他就被一家薪水很高的大企业选为实习职员。他努力工作，很快转正。

美国社会时常发生枪击杀人案，从青少年时期，我的这位朋友就对美国这个国家深度怀疑。他受父母影响是个极度的和平主义者。他说："美国允许国民保有和流通多于人口数量的枪支，这让我无法理解。"

他无法理解，也无法认可自己生活的国家，于是留心寻找美国或各国发生的丑恶事件。几个月后，汤姆决定离开美国。

辗转多个国家之后，他来到了我当时所在的新西兰。我偶然认识他，带他来到家里，一起生活了几个月。我跟他聊了很多，印象最深的是他的宣言。他说除了父母去世的时候，他不会再回美国了。

我问他为什么要做出这种"破格"的决定。汤姆这样说道：

"When you're imagining something very strange, that's happenning in America.（你能想象的所有怪事都会在美国发生。）"

汤姆说他绝对无法在这样的国家生活。

说得好听是背包客，其实不过近似于"国际露宿者"。他确信自己选择的生活方式是最正确的选择。和我在一起住了几个月，他通过打工攒够了机票钱，就去了泰国。现在可能在泰国做了僧人，也许又去了别的国家，也可能厌倦了流浪生活而回到美国。不管做出怎样的决定，对汤姆来说都是最正确的决定。汤姆是一个勇于付诸实践的人。因为具有这种力量，他才能认可自己，爱自己。

更加正确的过程通常与以金钱或世俗权力进行换算时确保更多的利益有关。正确的过程却能脱离这种计算。我听过一对夫妇的故事。他们年纪轻轻，拥有很高的学历，却毫不犹豫地放弃世俗的成功，选择去乡下生活。按照世俗标准来看,这对夫妇的选择不算是好的选择,然而对于他们自己来说,这却是最正确的人生过程。

再举个例子。比如大学专业的选择,子女想学习物理或数学,父母却希望孩子考医科大学。子女说自己从事数学的时候感觉幸福,父母却说这是幼稚的想法,是不谙世事。

也许父母会劝说孩子做出"更好"的选择,却不是子女的"正确"生活。如果这个孩子选择了父母想要的可能带来更好结果的医生生活,那他真的能够对生活充满热爱吗? 那名学生没能耐得住父母的强权,最终上了医大。后来他来到我的咨询室,说他无法热爱自己的人生。看到这位对基础学科充满热爱的聪明青年无能为力的样子,我真的为之惋惜。

"正确选择=吃亏人生",这个公式不能成立,正确选择有时反而会带来更多的利益。如果他真的渴望为人治病疗伤,那么医生生活就可能是正确的选择。我想强调的是,不要自己都不知道自己想要什么,人云亦云。

我们对自己不了解的地方太多了。不知道自己想要什么,什么最正确,这就意味着不了解自己。我们不能爱上或认可

并不了解的人，同样的，如果不了解自己，我们怎么可能真

正爱自己，又怎么可能认可自己呢？即使不了解自己，也可能

做出选择，但是正确的选择却只有了解自己的人才能做得

出来。

## 别让他人口中的"应该"绑架你

"追求你真正想要的东西。"这是著名政治哲学家斯拉沃热·齐泽克的话。有人会觉得理所当然，也有人不同意，认为太不现实。你有过这样的经历吗？认真思考自己想要什么，梦想是什么，却得不出确定的答案，反而产生怀疑。有时事情正在进展，却突然怀疑自己所做的工作的价值。

为什么会对自己计划的事情，正在进行的事情产生怀疑呢？我想到了几点原因。

最常见的原因是预料到可能会得到与努力不成正比的结果。我们生活的经济体系经常出现这样的情况。人的很多活动都能换算成经济价值。如果能够得到与努力和时间成正比的回报，质疑的问题就不会发生了。

为什么和付出的努力和时间相比，我们得到的回报常常令人失望？

我从来没见过哪个人认为自己得到了合理的回报，你的情况恐怕也不会有大的不同。这就不应该视为个人问题，而是体制和社会的问题。

话题似乎太大了，然而这个问题和很多人有关，所以我还是要继续说下去。听说过"剩余工资"吗？当我们得到的报酬比所做的工作多很多的时候，多出来的部分就是剩余工资。当今社会，支付给少数人的"剩余工资"的数量太多了。看看大企业高层管理人员的工资，相比他们的工作，报酬简直高得离谱。这些人就叫做剩余工资者。有时候，一名剩余工资者的工资相当于公司几百名职员的工资。美国更为严重。经济危机之前，华尔街金融企业的管理人员的报酬达到令人惊讶的程度。

也许很多公司职员都想成为像他们一样拿剩余工资的人。

这么想的时候，陷阱就来了。生活越是艰难，我们越是想成为剩余工资者。"只要努力，不放弃，自我激励，创意思考，建立人脉，忠诚于公司，迟早有一天我也会得到剩余工资。"为了刺激人们的欲望，舆论、媒体和书籍大肆宣传着成功人士（极少数）的经验。

当然了，剩余工资哪有这么容易。如果是普通职员正常升职，那么他成为管理阶层的几率是1.6%。比彩票中奖的几率高吗？韩国大学生进入大企业的比例只有2%。这样算下来，也不比彩票中奖的几率高多少。

为了上大学而拼命学习，毕业时又为了就业煞费苦心，好不容易进了公司，想要成为剩余工资者依然难于登天。这种情况下，也就是付出的努力和心血未能换来应有的回报时，或者回报不确定的时候，产生怀疑是理所当然的。

很多人认为自己没有成功是因为懦弱或能力不足，或意志不够坚定。

我下面要说的话，请各位听好。我们有权利在想要放弃的时候放弃，我们也有权利实现各自的欲望。我们中间有谁从出生就想成为剩余工资者吗？没有。这是世界埋在我们心里的欲望。如果寻找怂恿我们成为剩余工资者的根源，那就是既有的剩余工资者。蚂蚁为了成为剩余工资者而努力工作，剩余数量也随之增多。大量的蚂蚁当中，只有少数几个能加入剩余工资者的队伍。别人？当然是过期作废。那么成为剩余工资者的人，情况会不会好些呢？了解真相的读者应该已经看出来了，剩余工资者其实也只是"成功的二把手"而已。

你怀疑，但是，你周围的人都说个体的怀疑是很糟糕的感情，同时让你不要放弃，坚持到底。

心理学在这里发挥了重要的作用。近来的励志书大部分都引用了心理学理论。忽视制度和体制变化，诱导个体变化和努力的心理学体系提倡顺应姿态，这固然不对，不过最重要的问题来自冒牌心理学家。目前热卖的图书大部分都在强调"今后的时间还有很多，不要放弃，要更努力地生活"，或者"你遇到的一切都是因为你的错误心态，你应该把握好自己的心"。

所有的不幸和不合理都归咎于个体，凭什么！

不能单纯说这些人浅薄或目光短浅。有学问的人劝说个人更加努力，试图顺应问题多多的社会体制。往严重里说，这是近乎罪恶的行为。如果很多人因为同样的问题怀疑自己的人生，并且为之痛苦，那就不是个人问题，而是社会问题，只是我们看不到罢了。

为了接近主题的中心，我们再向前迈出一步。我们之所以不能爱自己，认可自己，也许就是因为没能准确看出这些日常问题，没能做出正确的回应。那么结果会怎样呢？人们把社会问题转换为个人问题，渐渐为无法捍卫自尊而沮丧。明明知道自己没有问题（每个人本身都不可能成为问题），却不得不面对这个问题, 因此对自己感到愤怒和无奈。

极少数的剩余工资者, 以及大多数的蚂蚁军团, 在这个体系内部, 个人想要完全捍卫自己是很难的, 需要准确洞悉体系操纵者的意图。如果不是这样, 而是把责任转嫁给个人, 那么当前的体系对于我们来说就是挫折的体系。要想热爱自己的人生, 认可自己, 仅靠自我催眠和暗示显然不够。


读到这里, 也许有人会问:"我一个人能改变世界吗? 没有人行动, 我一个人不可能的, 简直就是鸡蛋碰石头。"

先从结论说起, 这句话大错特错。一个人也可以改变世界, 最有效的方法就是抛弃世界。不要误会, 我说的不是像自杀这类愚蠢的行为。

作为心理学者, 我得出过这样的结论: 解决问题最好的办法不是"拆开"问题, 而是"除掉"问题。如果问题在于世界, 而不在于我, 那么我们就不该被世界牵着鼻子, 拼命用世界想要的方式去解决问题, 而是抛弃世界。比如我前面提到的朋友汤姆, 他离开了美国。我希望有更多的人抛弃世界。

抛弃世界。这么说容易让人误解为自杀或逃避, 那我就再来做个解释。我们抛弃世界, 准确的意思是什么呢? 我们要抛弃的不是世界本身, 而是对世界的"欲望"。我们真正的问题不是不能抛弃世界，而是无法抛弃被世界牵引的欲望。首先要抛弃这种欲望，然后寻找自己真正想要的东西，即心理学上叫做"主体欲望（desire of subject）"，以前支配我们的社会欲望是"他者欲望（desire of alterity）"。抛弃他者欲望，寻找主体欲望，从而过上属于自己的生活。这个时候，我们才能真正爱自己，认可自己。

我再啰嗦一句吧。抛弃世界，并不是真的要辞职，或者成为国际露宿者。也可以变得更顽强，继续做自己的工作，直到找到真正想要的东西。职场人士可以继续上班。不过要在心里抛弃职场，也就是抛弃职场让我产生的欲望。这样一来，就能更清楚地看到世界暗中强迫我们产生的欲望是什么了。

我在咨询室经常见到通过这种方式最终收获人生的自由的人。他们异口同声地说，终于明白自己苦苦执著的东西其实什么都不是了。从那之后，他们对自己想要的人生就再也不会犹豫和怀疑，也不会抱怨职场生活辛苦了。

如果现在的生活方式不是自己想要的，完全可以从中逃离。就像刚才说的那样，不是被世界牵着走，而是主动抛弃世界。不是苦苦挣扎着要解决问题，自责"我为什么这么无能"，而是抛弃问题。

如果你弄清楚现在所做的工作是不是自己的真正欲望，接下来想要爱自己就轻松多了，认可自己也会变得容易。因为我们关注和找到了自己的人生和欲望，我们经历了这个"过程"。

俗话说，"功夫不负有心人"。恋爱高手们却说，如果只用嘴说"我爱你"，一百遍也没有用。为了证明自己的爱，要向对方表达自己的关心，用具体行动表现出爱，这样才能"功夫不负有心人"。别人是这样，我们自己也是。如果你爱自己，就为自己思考，并且付诸行动吧。

## 所有的热爱都是有偿支付

前面我们列举过为了成为剩余工资者而努力的例子。这些人中有少部分会如愿以偿地成为剩余工资者，那么，他们会对自己的工作毫不怀疑，快乐地生活吗？

我觉得很可能不是。就像在大企业担任管理人员的父亲对儿子说的那样，"不要做公司职员"。

前面我强调应该遵从自己的欲望，然而真正做到这点的人并不多。如果完全按照自己的欲望生活，可能会和周围发生很多矛盾。最健康的自我欲望实现方式应该既不伤害自己，也不伤害身边的人。现实生活中这不太可能。即便如此，我还是觉得每个人都应该不断思考自己想要的生活方式。

如今我们的社会存在很多被称为"导师"的人。不管是否出于本意，名人大部分都被称为"导师"。我们失去了倾听父亲故事的机会,与此同时,社会上成功导师们的发言机会却与日俱增。他们说:"找到自己想要的,努力生活。"遗憾的是,谁也没有说为什么要这样做。

我提个具有挑衅性的问题。我们为什么要拼命寻找自己想要的东西,为什么要为了成就而疯狂努力?一定要这样吗?

我来举个现实的例子。自从有了人类,还有哪个时代比我们考试更多吗?我们从小就经历各种考试,每个月都要考几次,不是吗?想想看,就说我们祖父那代,一辈子没参加过考试,不是也过得很好吗?世界上充满了各种各样的评价和考试,我们却视为理所当然,这不是很可笑吗?

我们洗耳恭听的社会名流基本都是在社会秩序内取得成功的人。他们对待考试的态度不是蔑视,而是以优异的成绩通过考试。有时他们说的话会让我们疲惫的身心得到安慰,继而重新振作,走向自己都不知道的是不是真正想要的"战场"。

这里还有个很重要的原因。那就是人们的"焦虑",潜意识里大家都认为"失败是无能者的烙印"。在这种情况下,"失败也没关系"听起来多么甜蜜,愿意为失败者提供机会的社会"导师"们的话语多么令人感激。

仅此而已。导师们并没有让人们进一步提出根本性的问题，比如世界有什么权利用成功和失败做尺度评价我的人生？他们说话的前提是将世界置于中心位置，而不是个体的人，然后以此为基准衡量我的努力和人生价值。从这个层面来看，他们并不是我们的导师，而是为体制服务的导师和支持者。

也许有人不同意这个说法。不，也许是不想承认。看似为我们好的人竟然是站在榨取者的立场说话。请听我说完。那些被誉为年轻人导师的人面对满堂观众说："不要把自我价值决定权交给别人。"

怎么说呢？我觉得这个人不是智慧，而是非常单纯。现实生活中，只有处于"甲"的位置，才能拥有自我价值决定权，也许这个人从未处过"乙"的位置。从优秀大学毕业之后没有进入职场，直接成为宗教人士、教授、导师。

不要把自我价值的决定权交给别人！听起来多么冠冕堂皇。然而这个世界上拥有价值决定权的人是谁，又以什么尺度评价人的价值？若非把残酷的现实想得过于浪漫，应该不会轻易说出这种话。大学毕业之后千方百计找到工作，或者开了家小店铺卖东西的人，基本没有决定自我价值的权利。这个人没有进入世俗的价值体系，因此可以拒绝他人决定自己的价值。不考虑自己的特殊条件，直接拿出标准答案，让其他人照做。导师们不假思索，却有人为之疯狂。

从某个角度来说，我认为前面提到的"成功"职员父亲的告白才是最坦率最有益的建议。他的话可以理解为"虽然我到达了很多人想要的位置，其实那真的是地狱"。我之所以说他的建议很有帮助，是因为有很多"成功人士"吐露了和他差不多的心事。那些终于到达别人羡慕的位置的人，几乎没有人满足于自己的生活。他们觉得自己当前得到的一切和自己的牺牲比起来是理所当然，甚至远远不够。

他们牺牲了什么？大量的时间和努力？当然也是。不过，如果和他们深入交谈，你会知道他们牺牲的只是"自己的欲望（主体欲望）"。想做的事情无法做到，这样的人生不管得到多少报酬，都无法弥补日复一日的空虚感。他们虽然成为剩余工资者，却感觉不到幸福和满足。

年轻人渴望和追随这条路。我倒是希望前辈们多站出来说说这些话，不是社会成功人士常说的冠冕堂皇的花言巧语，而是自己为成功付出了哪些代价，人生因此变得多么空虚。希望有更多的导师告诉大家，你们要倾听自己的人生想要的声音，不要害怕抛弃世界的欲望。

## 32个赞不及1次你喜欢自己

现在，我们谈论的是被我们当作人生动力的"认可"主题。前面我们谈论了关于认可的精神分析机制。现在我们再次把焦点对准认可，讨论怎样处理围绕认可产生的关系。很多人把认可理解为爱，所以我们前面没有区分认可和爱。从现在开始，我们会根据情况逐渐区分开来。

很多人说，"认可"的基本条件是"无条件接纳"，即使不用刻意包装，认可你的人也要正确看待。

"你为什么不能接纳真实的我？我们分手吧！"

很多恋人为这件事争吵。

"妻子能接纳真实的我，和她在一起我感觉很轻松。"

很多丈夫和妻子对彼此的期待就是这点。

我们如此渴望接纳，希望世界上至少有一个人可以无条件接纳自己，就像孩子对父母的期待。我们相信只有这样才是真正的爱。很遗憾，想要遇到这样的人非常困难。

　　长大成人了，依然四处寻找认可自己的"那个人"，这意味着什么？不就是意味着至今还没有遇到过这样的人吗？父母？怎么说呢……在某些方面，父母反而是不能接纳你的典型人物。虽然有极少数父母不把自己的欲望投射给孩子，但是大多数父母都以爱的名义，按照自己想要的方式和方向培养子女。从这个角度来说，父母也许是最不能无条件接纳子女的人。

　　总之，很多人都希望别人能够无条件接纳自己。那么具体是怎样要求的呢？

　　"即使我无缘无故发脾气，也能忍耐，直到我的情绪缓解。即使我不可思议地耍脾气，对方也耐心哄我。一大早叫他来，他也会毫无怨言地出现。不管我多么任性，都能容忍我的人"，也就是"能够忍受我的人"。

　　简而言之，也就是我不用付出任何努力，不管怎样做，对方都能接纳，就可以理解成对方非常爱我。客观地说，这种想法难道不是极度自私吗？像新生儿似的什么也不做，静静地躺着，对方就为自己做好一切。希望自己只要一哭，就有人喂奶，纸尿裤湿了，立刻有人给换。可是谁会为成年人做这些呢？

我们有必要换个立场，认真思考一个问题。我们想要的"无条件的认可或无条件的爱"，我们自己能为他人做到吗？我们有没有无条件接纳过别人？恐怕这和自己得到他人认可的难度差不多。事实就是这样，得到他人认可和无条件认可他人都是一样困难的事。

我们不是小孩子了。期待对方无条件接纳自己，是非常幼稚的期待。


自认为可以无条件接纳别人，这种想法近似于幻想。我们每个人都只能站在自己的立场上对他人做出判断。在自己成长的环境和条件下，每个人都保持着一定的偏见，只能根据自己的经验去看他人。

想用"裸眼""透明地"看待别人，这几乎是痴心妄想，甚至就连如实看待自己都很困难。要不然怎么会说"看得到别人眼里的尘土，却看不到自己眼里的梁木"。客观看待自己就是如此困难。所以说，要求别人客观看待自己，就和要求别人做自己都做不到的事一样，都是妄想。


更重要的问题是隐藏在"客观看待"之中的前提。

要求别人客观看待自己，并不是仅仅要求别人怎样看这么简单。其实是要求别人无论如何都要爱自己,"不管我怎样都要接纳我"。"客观看待某个人"和"接纳和爱上某个人"之间并不存在逻辑关系。如果你的恋人做出结论,"我客观地看你,觉得自己对你无法忍受",你会怎么样?这样的事情的确有可能发生,不是吗?

我们通过"客观看待"想要传达出这样的意思,"请你了解连我自己都不了解的我","不管我怎么样,都请你忍受我、爱我"。这是依赖他人而活的我们所有人的心愿,是不可能,也是最执著的心愿和要求。


前面我说过,我们认可他人和得到他人认可同样困难。尽管逻辑上不是很严密,然而总体来看,有句话适用于这种情况:"他人,即地狱。"这是萨特的名言。第一次读到这句话的时候,我有种醍醐灌顶的感觉。"是啊,他人即地狱。对他人来说,我是地狱,我是他人的地狱。"

人们都希望得到认可,事实上真的很难。原因在于我对他人的欲望和偏见,在于人的自我中心主义。这就像试图用比自己胳膊还长的筷子吃饭。双方都拿着筷子,要互相喂对方才能吃饭,然而每个人都觉得对方应该先喂自己,因而愤怒。拿长筷子喂别人的地方是天堂,争吵着自己先吃的地方是地狱。这是寓言故事,各位应该读过或听过。他人是我的地狱,我也是他人的地狱。

现在让我们来思考认可他人的机制。你是不是会被善于为别人着想,深思熟虑的人吸引?是不是尊敬有学问、有教养、有思想深度的人?是不是羡慕取得社会性成功,经济宽裕的人?

我们用这些尺度评价和认可他人,也用同样的方式和目光看待自己。我明明用评价、羡慕或蔑视的尺度去看别人,却不允许他们用同样的方式看我,这合理吗?我们自己为什么不能得到这样的目光?是不是因为没有自信?

是的,我们经常提到"客观看待我"的要求,不过是倾诉罢了。如果把评价他人的尺度用在自己身上,也会觉得自己一无是处,不值得爱。

希望别人无条件地认可自己,这是幼稚而且脱离实际的想法。成人得到认可应该是另一个层面的事。简而言之,你应该具备值得认可的资格,首先让自己成为深思熟虑的人,钻研学问,努力赚钱,达到自己想要的数额。如果别人拥有了你想要的东西,你因此认可这个人,那么当你也拥有的时候,不就能认可自己了吗?口口声声说要接纳自己,却不付出任何努力，只是自我暗示“我要爱我自己”，无异于对着自己的耳朵不停说谎。

前面我们谈论了过程的重要性。如果你真正追求过自己想要的东西，你应该明白，不管结果如何，这段经历本身都会让你认可自己，进而爱上自己。为了认可自己而努力，意味着关注自己。有时这个过程本身会成为爱自己和认可自己的真材实料。让自己值得爱的料，并不需要很多，有一个就足矣。认可自己的某种东西，我们只需要一件。

不好意思，我要介绍一段自己的经历。这是我认可自己的最重要经历，所以想拿出来和大家分享。希望大家明白，我的目的不是为了炫耀。

那是我在外国凭借微不足道的外语水平学习心理学的时候，所有课程都以激烈讨论的形式进行，我总是像独立战士（任凭“严刑拷打”，绝不开口……）一样上课。阅读教材比其他同学多花三四倍的时间，可是刚翻过去，转头又忘了。有的科目经过补课，才勉强度过第一学期。

假期结束，新学期开始，我感到恐惧和不安。上课内容连十分之一都听不懂，教材读写、实习、发言……对我来说都太难了。恐怕那是我一生中学习最为痛苦和不安的时期。雪上加霜的是，当时的个人问题也不顺利。身在韩国的父母患病，亲戚的谎言使我蒙受经济上的窘迫，再加上妻子怀孕，个人可能遇到的所有大事都同时扑来。我感到痛苦、孤独和迷茫。最糟糕的是每天还要凭借不值一提的英语水平听高难度的课，那种感觉近乎恐怖。

开学前的某个凌晨，我从睡梦中醒来，静静地思考。我该怎么办呢，要不要结束这里的生活回国，或者做生意？还是继续坚持？

这样说有点儿对不起父母，但是我回国也改变不了任何事。想做生意，我既没有这方面的才华，也没有资金，最后做出的选择只能是继续学习。我是来学习的，除了学习，我没有别的路可走。想到这里，我突然冒出了把自己推入更大痛苦的念头："至少再坚持完这个学期。"下定决心之后，我每天夜里108拜，然后开始读佛经。虽然我不是佛教徒，但我的父母都是虔诚的信徒，我也受了佛教的很多影响。3个月零20天，一学期就结束了，所以只要坚持100天就行。

我的108拜和读佛经坚持了大约3000天。我不仅读完了硕士，还完成了另一个硕士课程和博士课程。

当时，我每天的日程大约在凌晨四点结束。打零工、钟点工、学校作业，还要事先预习，时间总是不够用。我学习了大约10年，这期间基本没有哪天睡眠超过5小时。尽管睡眠不足，然而每天做完所有事情之后，我还是要108拜。有时太辛苦，我甚至会哭着磕头，有时困得趴在地上直接睡着了。

从开始攻读一个学位到结束的3000天的时间里每天108拜，我在心里祈祷的并不是顺利完成学位，而是"保佑我能够熬过战争般的一天，赐予我熬过今天的力量"。从内心寻找支撑一天的力量，这是我叩拜的理由。这样一来，我害怕的不再是拿不到学位，而是不能守住自己3000日的承诺。总之，我总算连滚带爬地完成了学位。

从那之后，我感到骄傲的不是我的硕士或博士学位，而是3000天以来从未违背过对自己的承诺，这更让我欣慰。学位真的只是一张纸。通过没有人安排，也没有人监视，更没有人了解的凌晨108拜的经历，我获得了认可自己的资格。即便全世界没有一个人了解，至少我认可了我自己。

认可自己的过程没有必要公之于众，也没有必要求得他人的认同，只要履行了对自己的承诺，履行了自己认可的标准即可。我认为这才是克服认可欲望的最正确方法。归根结底，我们都在渴望别人的认可。我也曾如饥似渴地想要得到别人的认可。为了得到他人的认可，我也曾付出一次又一次徒劳的努力。但是我自己制造了一次"事件"，从而跨越以他人为前提的认可欲望结构。最后通过这个"过程"得到稍许力量，让我认可了自己。

认可自己的主体不是世界，而是自己。认可的顺序也不是世界在前，而是要先制订自己的基准和根据。我们都已经以他人为基准形成了自我，所以改变认可的主体和顺序是非常困难的，但是不能因为困难而放弃。

为了得到他人认可而活是极为痛苦的事情，为了认可自己而经历的过程也很痛苦。我们必须在这两种痛苦之中做出选择。若想摆脱前者的痛苦，必须有他人的存在，而后者只能通过自己重新塑造生活，是需要自己克服的过程。选择后者还有一个收获，那就是通过认可自己而对他人的痛苦产生真正的共鸣，从而关注他人的生活，与世界产生深度联系，学会怎样去爱。

我们的社会上有很多不能过自己人生的"绣花枕头"。他们不能认可自己，迫切地等待他人的认可。这些人的存在导致很多事情的发生。他们不知道自己的欲望是什么，没有通过反省自己达到与世界共鸣的体验，只是贪恋世俗的认可和权力。他们相信权力、金钱、名誉能够保障自己的存在价值，然而这种相信只会使虚妄的行为不断重复。越是不能认可自己的人，越容易被世俗的虚名束缚。越焦虑，就越是渴望虚名。

以前我也经常为自己感到焦虑。现在我已经不再追随世俗的虚名，逃离了焦虑。因为有了一次主动把自己推入焦虑的痛苦之中的经历，我非但没有感到焦虑，反而彻底不再被焦虑纠缠了。焦虑常常不期而至，不知不觉已经成了我的老朋友，我对它非常了解。认可自己的人才能克服焦虑，也可以正视自己的人生。这种力量也有助于他人的生活。

为了认可自己，我们需要的并不是世界的需要。只要具备自己能够认可的"那一点"就足够了。不期待任何他人的认可，不需要世俗的补偿，就能信守对自己承诺的人，也就是能够守护自己的人，才能认可自己，热爱自己。要想做到这些，必须明确认可这种下意识的机制。

这件事情太大，太遥远，太渺茫，想都不敢想？

不，绝对不是。不积跬步，无以至千里。搬家工人来到摆满行李和家具的房子里，最先做的事情是什么？就是从眼前的东西开始，一件件装入箱子。使我们到达远方的也正是第一步。什么也不做，就不会发生任何事。

各位应该很清楚吧？

# 第 2 章

# 我，为谁而活

## 独处，和自己约会

"真的，我不在什么都不行，什么事情都做不了。从一到十，我必须全都做好。真的好累，好痛苦。"

一位咨询者发牢骚。不仅这位咨询者，如今很多妈妈都对子女倾注了过多的心血。吃饭和健康自不用说，甚至交友和学习也理所当然地干涉。这样一来，妈妈必然要为所有的事情花费心思，子女的一举一动都会引来妈妈的牢骚和愤怒。与此同时，妈妈们希望子女能够理解自己做出的牺牲。"我为你们牺牲了这么多，你们做子女的怎么能不听我的话，让我操心？"像这样穷凶极恶的妈妈比比皆是。"穷凶极恶"，这么说有点儿夸张吧？不。这种举动不是牺牲，也不是爱，而是"威胁"。

仁淑女士因为和儿子严重不和而来到咨询室。我还记得她第一次来时的表情,满脸愤怒。儿子上大学之后,他们之间的关系严重恶化。这是她来找我的最重要原因。前不久,儿子甚至宣布要离家出走,单独生活。在过去的一年半时间里,母子之间经常发生矛盾,儿子应该也疲惫不堪了。仁淑女士的状况更严重。儿子宣布要离家以后,仁淑女士的愤怒一发不可收拾。她说她做了各种各样的想象,连自己都感到恐惧。有的想象过于残忍,自己也毛骨悚然。

我让她说出具体的想象。仁淑女士艰难地开口了:"我真想把儿子的衣服和钱全部没收,把他关在家里,让他逃不了。我想通过这种方式,把他变成听话的儿子。"

听她这么说,我感觉儿子对她来说就像宠物狗。

我不知道她这种不正常的愤怒来自哪里。为什么如此强烈地想要收拢自己的儿子?为什么要把儿子置于自己的影响力之下?只有她最清楚这个事实。

仁淑女士是普通的家庭主妇。丈夫在平凡的公司上班,育有一儿一女。大学毕业之后,她在某殷实的中小企业工作,遇到了丈夫,婚后一直做家庭主妇,转眼过了二十多年。谁都觉得她有个稳定的家庭,过着无忧无虑的生活。

结婚之后不久,不仅对儿子,仁淑女士对全家人的态度都变了,固执得不可理喻。丈夫喝酒到凌晨回家,没有胃口,想喝杯蜂蜜水，吃些简单的蔬菜。可她又是烤鱼、炒肉，又是炖汤，还做了各种小菜，递到丈夫跟前，让他必须吃光才能上班。她也觉得这些食物会给丈夫带来压力，潜意识里又希望丈夫理解自己有多么担心他的健康，多么辛苦地制作了这些食物，希望丈夫统统吃掉，快点儿醒酒。于是，她就连哄带威胁地让丈夫吃东西。

丈夫的衣服从里到外都由她挑选，每天穿什么也由她决定。甚至连丈夫要看的书，也是她选好之后塞进包里。丈夫对她并不感激。起先她感到失落，渐渐地，失落变成愤怒。从很久以前，她就有些恨丈夫了。有时她也想不再做这些事，让丈夫感觉到妻子的重要，对她心生感激。可是不这样做，她又感到焦虑，只好继续坚持。

我问她，这样"无微不至"地照顾丈夫，有没有期待丈夫做出什么回报。她暴跳如雷，果断地拒绝了。丈夫在外面辛苦工作，怎么能期待他的回报。她接着说道：

"婚后放弃不错的工作，成为全职主妇的时候，除了做贤妻良母，还有别的路可走吗？照顾丈夫和孩子就是最重要的任务，怎么会要什么回报。"


仁淑女士的话里包含着几个透露心事的线索："除了做

贤妻良母，没有别的路可走。""这是最重要的任务。""不需要回报。"要做良母，需要有孩子；要做贤妻，需要有丈夫。也就是说，要想完成这个角色，需要他人的配合。丈夫和孩子让她履行这个任务，她不要求丈夫和孩子回报自己。这是她的逻辑。

面对给自己分配任务的人，我们应该充满感激才对，怎么会要求回报？如果是电影或者电视剧里的女主角，或许还有这个可能，然而对于普通人来说，肯定有什么欲望，让她不求回报地度过如此辛苦的人生。我又问她：

"那好，就算不需要回报，那有没有期待丈夫或孩子做出某种细微的反应？"

"如果没有你，我什么都做不了。如果没有妈妈，我必死无疑。听他们说这些话的时候，我觉得自己最幸福。说这些话并不是什么难事，而且我也的确做到了。如果没有我，丈夫什么也做不成。如果没有我这个妈妈，我的孩子一天都撑不过去。如果我能听到类似的话，我就没白活。"

"我不知道下面这些话，你听了会怎么样。如果孩子说：'我现在不需要妈妈照顾了，我自己的事情会自己做，请妈妈不要干涉。'你会怎么样？"

仁淑女士立刻满面怒容。

"我儿子现在就跟我说这些话了。他厌倦了我的干涉，不，连我的关心也厌倦了，现在一句话都不跟我说。不管我说什么，他都假装听不见。即使我火冒三丈，那小子也只是戴着耳麦听音乐，或者玩电脑游戏。如果我摘下他的耳麦扔到一边，冲他大喊大叫，他就一声不吭地离开家，看都不看我一眼。我非常难过和不安，简直要疯了，直到他回来。"

"这时候，你就想象着自己把孩子剥光，拴在家里，像动物一样养着？"

"是的。"

她试图平复激动的情绪，可是她双手发抖，很难克制愤怒。如果这种状态在生活中持续下去，恐怕肉体也会因愤怒而受到损伤。我询问了她的健康状况，果然不出所料，她说医生警告过了，她的消化系统存在异常，血压也到了需要非常小心的地步。

如果愤怒达到了伤害身体的程度，原因应该不仅是儿子不听话。我觉得有必要了解妻子和母亲的角色对仁淑女士来说意味着什么。答案几乎已经摆在面前了，但是我必须让仁淑女士从心里清楚地认识和接受这个事实。

"除了家庭，你怎样确认自己的存在？"

"什么？您说什么？"

"你的身份主要是妻子和妈妈。你一定想通过这些角色确认'如果没有我,我家的三名家庭成员只有死路一条,我的存在非常重要'。"

"如果没有我,难道家人就真的什么都做不了吗? 有一次,因为一件不可避免的事情,我离开家去外地两天。两天的旅途,我的心始终都在家里。现在我该做什么了,我该为谁谁做什么了,他们有没有好好吃饭,有没有换衣服,真的很担心,连我自己都觉得过分。回家的时候,我想象着家里乱作一团,家人都在等我回来,一看到我进门,他们高兴得近乎发疯,然后我说:'怎么样,没有我不行吧?'边说边收拾横七竖八堆放在家里的东西,大发牢骚,然后做一桌可口的饭菜,心满意足地坐在一起进餐。可我回家一看,家里竟然天下太平,一切都安然无恙,家人平静地说:'哦,回来了?'他们每个人的状态都那么好。当时我真的非常失望。没有我,他们依然可以过得很好,这太让我失望了。"

咨询过几次之后,她也渐渐明白自己为什么对丈夫和子女那么执著了。换句话说,仁淑女士希望自己成为某个人"致命"的存在。

这种人需要"绝对不能没有我"的人,才能感觉到自己的价值。用现在的时髦话说，就是想要那种"疯狂的存在感"。不仅仁淑女士，我们所有人都希望成为对他人来说具有致命性的重要人物。只是程度不同而已，不是吗？

每个人都希望不断确认自己的存在价值。要想得到这种体验，就需要确认自己存在价值的人。这个人选通常是父母或老师，或者具有权威的其他重要人物。也可能是其他关系非常亲密的人，比如恋人或好朋友，或者同事，希望从他们身上确认自己的存在。

既然动用了他人，存在的确认就不可能是免费的午餐。我也要做些对方需要的事情。哪怕是不情愿，也要让对方满意。和某人关系亲近，意味着把自己植入对方的心中。我在别人心目中的位置越重，越能更多地确认我的存在价值。这是确认自己的存在感的最常见方式。对没有忘记自己，前来找自己的昔日同事或前后辈心存感激，对照顾过我的教授心存感激，对记住我的生日给我打电话的朋友心存感激，都是因为我通过这些来确认对方心里有我。

一个朋友曾经向我求助。他说总是看不惯和他一起参加团体聚会的某位女性。这是个什么样的人呢？冬天带来几个护腕，说这个有多暖和，多方便，强迫大家戴上。有人拒绝说不用，她会嘲笑这人连这么温暖这么好的东西都不知道，真是笨蛋，千方百计让别人按照她的意图去做。即便有人说穿正装戴护腕不好看，她就轻蔑地说"自己暖和就行了，别人爱怎么看怎么看"，或者"没想到你这么在意别人的看法"。如果有人试过护腕之后说的确很暖和，她就趾高气扬，对自己的眼光和热心肠赞不绝口。这位女性经常以自己的方式干涉聚会的大小事宜。稍不如意，她就责怪他人。如果因为听了她的话而做成了什么事，就要连续几个月听她为自己唱赞歌。

无论是梦想成为贤妻良母的仁淑女士，还是刚才这位女性，尽管她们的外在表现不同，内心的原因其实都没有区别，那就是"焦虑"。什么焦虑呢？唯恐自己成为没有影响力的人物，总是试图向他人行使自己的影响力。原因我已经说过了，只有发挥影响力，才能确认自己的存在。否则就没有办法确认自己的价值了。

无法确认自身存在价值的时候，人容易感到焦虑。为了不让自己焦虑，人们就像她们那样，把他人当成人质，试图反复确认自己的存在。越是害怕孤单，越不敢凭借自己的力量确认自己的价值。从某种程度来说，这也许是理所当然的。

这种尝试都不敢做，因为害怕焦虑在自己身边徘徊而不知所措。如果家人没有按照自己想要的方式确认自己的存在价值，就会感到愤怒和沮丧，就像仁淑女士。这种行为会引发更大的痛苦，本人却停不下来。因为她从未想过，如果放弃这种方式，该如何确认自己的存在价值。

咨询过程中，仁淑女士渐渐明白了，其实家人并不依赖于她，反而是她把自己的人生深深托付给了丈夫和儿子。她也认识到痛苦的真正原因不是丈夫和孩子不听自己的话，而是他们不肯确认她的存在，因此她感到愤怒。

解决问题的核心不是仁淑女士放弃管理丈夫的衣服、书籍和健康，不管孩子是否回家，也不关心孩子的学业。重要的是放弃通过这些行为确认自身存在价值的悲哀企图。应该找到不需要他人而是通过自己确认自我价值的方法。

我劝仁淑女士不要害怕独处，还要告诉自己，为家人做家务，照顾家人的健康和起居并不是行使妈妈的影响力。现在，只有放弃确认自己在家人心中的位置，这样才能摆脱焦虑的生活。随着咨询的继续进行，她也深深地认清了这个道理。她说从今以后将通过完全独处的时间面对真正的自己。

她做出了艰难的选择，然而这段经历将不同于二十年来因焦虑而承受的痛苦。自从放弃职业女性的社会存在价值，一切交给家庭之后，她一心想要通过家人获得所有存在感的补偿。现在，她必须放弃这个愚蠢的阴谋了。

通过仁淑女士的事例，我们还应该想清楚：我们通常说对自己的行为不求回报的是善良的人。有时我不同意这个看法。贴上"善良"这个冠冕堂皇的标签，不断牺牲他人，这在很多时候都是阴谋。

还不如直接说出自己的欲望："我真心希望我的行为能够得到回报。"这样似乎更健康。看到家人满腹牢骚地吃着自己做的饭菜，皱着眉头穿上自己挑选的衣服出门，不要自我安慰"如果我连这些也不做，他们什么都做不成"，而是应该理直气壮地要求"向我道谢"。做出正当行为的人有权提出要求，因为他人的行为受益的人应该表达谢意。如果你干干脆脆地放弃通过牺牲确认存在价值的意图，家人也会感受到你的真心。包括仁淑女士在内，我们所有人都有权利选择自己的未来，可是如果不能准确理解过去的意图，做出的选择很可能是错误的。

"现在，我试图通过谁确认我的人生价值和存在价值？"

无论何时，这个问题都不要忘记。有没有什么方法可以弄清我在依赖谁？非常简单。只要试着问自己下面这两个问题即可。

"我最想对谁发挥我的影响力？"

"我对谁提出要求最多？"

这个问题很简单，而且谁都知道。这是个悲伤的故事，他人绝对不会轻易满足我的要求。因为只有这样，才能控制提出要求的那个人。在未满足对方要求的时候，可以轻易地控制对方。试着放弃想要从别人身上得到的东西，只有这样，那个人才会给你想要的东西。

## 所有的爱自己都该是自然而然

美国某研究所以美国CEO为对象，做过一个与性格相关的研究，结果非常有趣：超过三分之二的研究对象都有自恋倾向，其中有很大一部分甚至达到了可以归为精神障碍（mental disorder）的病态程度。

古代神话中的纳西斯被映在湖中的影子倾倒，废寝忘食地盯着自己的脸，最后溺水而死。借用纳西斯的名字，病态自恋被称为"自恋型人格障碍（Narcissistic personality disoder）"。

心理学上的精神障碍目前分为十种。每个人都有自己独特的性格，如果把这些性格分类，那么每个人至少患有一两种人格障碍。当然，这不能说所有人都是人格障碍患者。只有个体行为持续给自己和他人的普遍性生活带来伤害的时候，才会被诊断为人格障碍，所以真正被论断为人格障碍的人并不多见。普通人可以判断自己更接近于哪种类型，加以改善。

人格障碍有十种，而60%以上的CEO都表现出自恋倾向，近似于障碍的程度，这点的确耐人寻味。虽然还有40%没有这种倾向，也有很多人品优秀的CEO，不过我们很想知道自恋倾向具有哪些特征。下面就来做个说明。

具有自恋倾向的人都相信自己是全世界最正确、最聪明的人，所以讨厌不听话的人。一旦出了问题，他们就说自己做得很好，都是别人把事情搞砸了。很难指望他们能做出负责和反省的态度。

更严重的是这些人在社会上取得成功的几率相当高。因为他们坚信自己正确，强烈到了病态的程度。他们也有能力巧妙地归咎于他人，对权力关系非常敏感，当然不可能不成功了。

我也有过因为这种人而惹上麻烦的直接或间接经历。所谓间接经历，就是因为上司或指导教授的自恋性格而饱受煎熬的职员或学生向我倾诉。

某个我私下里认识的学生对我讲过指导教授的故事。指导教授让学生做些与论文、研究活动和学校课程没有直接关联的事情，没有任何报酬地榨取。在韩国大学，指导教授掌握着学生的生死大权。尤其是想获得学位的话，论文必须通过。在这个过程中，指导教授的影响力几乎是绝对性的。谁敢违抗指导教授的命令！

这位前来诉苦的学生就面临这样的处境。教授几乎把学生当成勤杂工，让学生帮他处理私人事务、打下手，做些与学业毫不相关的事，连顿饭都没请过。别说温暖的安慰，还经常因为学生失误而横加指责。学生总不能反驳教授，只能忍耐，渐渐地达到了忍无可忍的程度。教授说，我让你们做这些都是为你们好。时间一长，学生都知道了，这都是为了教授自己。

这名学生最痛苦的是那种得不到尊重的感觉。具有自恋倾向的人认为自己最好，很容易忽视或贬低他人的意见。这种人还有个特征就是一丝不苟，甚至到了连普通底层职员的分内之事也要干预的程度。即使别人出现小小的失误，也会火冒三丈，把对方当成罪人来对待。面对一名屡次出错的学生，教授甚至严厉地说"你死有余辜"。看到教授的样子，这名学生说他真的难以忍受。

这么说或许有点儿难听，这种人在物质方面极为吝啬。他们会千方百计找借口让对方请自己吃饭，或者夸大自己提供的小小帮助，邀功请赏。得到别人十次恩惠，也未必能回报一次。可是，他们对自己却花钱如流水，而且四处炫耀。

也许，你会想这种人肯定没朋友吧，奇怪的是，他们身边常常有很多人围绕。自恋的人受不了独处，他们必须和很多人在一起才不会感到焦虑。

取得社会成功的人群当中，不难发现具有这种特征的人。他们究竟是因为成功才觉得自己是正确的，还是因为坚持认为自己正确才成功呢？也许后者更接近，然而这不是标准答案。准确地说，他们是为了证明自己的正确，在试图取得社会性的成功。

想要成功的动力如此强大，促使他们不顾一切地接近权力，得到权力。他们屈服于更强大的人，更强大的权力者，这不足为奇。当然，他们也会毫不犹豫地对比自己弱小的人表露狰狞、残忍，像独裁者一般的狰狞。最好不要期待他们会设身处地地关心和保护弱者。对他们来说，设身处地也是施舍行为。

一言以蔽之，这些人的心理机制就是"I'm OK, you are not OK"（内心深处却藏着"I'm ugly"的想法）。他们说自己最优秀，自己什么都知道。即使做出谦虚的姿态，也仅仅是展示自己还有谦虚的一面。只要有空，他们就强调自己的道德和伦理，强调自己是为大义而活。如果仔细观察几次，你会发现这种大义都可以归结为自私自利。

我认识好几个这样的人。他们都有让人羡慕的工作或者属于自己的团体，有的在自己的领域颇具威望。他们不断物色需要自己的人，努力把他们留在自己身边。需要程度越高，他们就越执著，受邀请的人很难拒绝。"我给你好职位，给你利益。"如此百般引诱，晓之以理，动之以情。这样一来，即便是出于歉疚，也只能满足他的要求。然而合作之后，各种好处和名分消失得无影无踪，他们最自私的意图暴露出来，让对方深恶痛绝。

幸运的是，现在我不再和他们联系了。

起先我也耐不住他们恳切而执著的邀请而动心，几次和他们共事。大概是因为我的职业特性，他们在这个过程中不断向我诉说心事。几次之后，他们对我越来越信任，经常很坦率地说出自己的真心话。

对我来说，跟他们结交是很痛苦的事。然而作为一名心理学工作者，这又是很幸运的经历。因为通过近距离观察，我更准确地了解到他们的心理机制，同时也发现了他们的另一个共同点，那就是"焦虑"。

他们的内心深处盘踞着强烈的焦虑。他们为什么焦虑？其实他们很害怕被人发现自己的脆弱和狼狈。他们最怕暴露自己的心事和底线，露出狼狈的真面目。

他们比任何人都清楚自己的狼狈，只是不愿承认。焦虑由此而生。同时，他们拼命努力聚集金钱和权力，包装和掩护自己，千方百计要表现得出色。如果情况不如意，甚至会焦虑和忧郁到一死了之的程度。


他们真的爱自己吗？自从了解到他们的心事之后，我就觉得"自恋"这个病理名称不合适。他们不是自恋，反而是"为了摆脱爱无能的自己而挣扎"。他们没有勇气面对自己的缺陷，也没有信心透视空荡荡的内心，那里充满了对自己的逼视。他们把截然不同的"异常自己"当成虚像，错以为那就是真正的自己，努力迎合。表面看上去无比强大，充满魅力，其实在内心深处却无比厌恶懦弱的自己。这个事实令他人难以相信。

我还发现他们的思维能力远远不及表现出来的外在智商水平。他们掌握的知识远比他们自己嘴上说的少得多。他们说自己拥有非常丰富而深刻的经验，但是仔细一听，大部分都是间接经验，很多时候甚至是虚构的。

他们最关注的是自己拥有多大的影响力。他们之所以执著于金钱和权力，那是因为他们认为，这是确认和扩张影响力的必需，他们相信金钱和权力可以保护自己。

自恋倾向较强的人还有个重要特征，那就是理所当然地认为自己应该受到特别的待遇。不管去哪儿，如果未能得到特别待遇，就会火冒三丈。他们说自己和了不起的人交往，也能受到特别的待遇。我猜测，这大多是虚张声势和夸张。

　　前面我说过，他们的内心深处盘踞着焦虑。除此之外，还有同样强烈的核心恐惧。他们最怕的就是死亡。

　　我认识一位宗教人士，他负责照顾濒临死亡的人。初次见面的时候，他已经在那个领域获得了相当高的威望。他恳切邀请我共同参与这项工作。我们因为工作见面，他把更多的时间用于谈论自己，关于工作谈不到三十分钟。说着说着，他开始明显暴露出自恋举动。怎么连宗教人士也无法克服自恋倾向呢？为了得到答案，我几次抛出分析式的问题。

　　有一天，他看起来非常抑郁。听说他工作不如意，很多人骂他。我顺便说件有趣的事情，越是自恋的人，越是把别人对自己的责骂理解为对自己的忌妒。他们深信就是因为自己太优秀了才引起别人的忌妒，招致四处传播的绯闻。我当然理解这种心情。如果不这样想，他们会非常焦虑和愤怒，达到无法忍受的程度。

　　那天，他看起来格外抑郁，我觉得应该安慰他，于是跟他共情，接着又问了几个问题，没想到这位圣职者说出了令人震惊的话。提到恐惧，我问他："你最害怕什么？"令我吃惊的是他竟然回答："李老师，我最怕死。一想到这个，我就睡不着觉。"

那个瞬间，我觉得他说了有生以来最真实的话。我很震惊。他创建和经营了与死亡有关的社会福利组织，又是著名的宗教人士，最重要的是，这番话和他平时的浩然之气，以及豪爽地炫耀财富和名声的情形大相径庭。

我反复问他，是不是因为经常接触死亡才感到恐惧。他说不是。他说自己最害怕死亡，可比死亡更让他恐惧的是长期患病卧床不起，痛苦无力地与病魔作战，同时等待死亡。前面说到的那位教授说他赚钱的最重要原因是为了养老。那位教授也多次满怀忧虑地坦言，等自己到了衰老生病不能动弹的时候，也会无法忍受。

我也和别人一样害怕死亡，害怕衰老生病，不敢想象身体丧失活动能力后，生活会变成怎样。这种恐惧和担心使人失去心灵的平静，给人带去痛苦。具有自恋倾向的人还要再加上一条，那就是一旦自己病死，就再也无法对这个世界行使影响力了。这常常让他们感到无比沉重的挫败感。

对他们来说，活着不是为了别的，就是为了控制身边的人，对身边的人行使影响力。被身边的人遗忘，或者成为一无是处的人物，这是他们最大的恐惧。他们对生病、贫穷、衰老和死亡表现出极度的恐惧。所有的贤者都说，只有懂得进退，懂得接纳死亡的人，才是成熟的人。然而这些人到死不肯放弃贪欲，不断地想要确认自己的存在价值和影响力。

他们拼命工作，总要让几个人围在身边服侍，不断给予赞美。他们不敢独处，因为只有埋头工作的时候，才能忘记自己；如果身边没有人，就会焦虑得难以忍受。从这个意义上来说，他们不是工作狂，而是焦虑狂和自恋狂。


看到这些具有强烈自恋倾向的人们的态度，有没有发现自己的影子呢？说不定我们比他们更巧妙地隐藏起了自恋倾向，或者以别的方式表露出来。不要仅仅因为他们有自恋倾向就加以臭骂和指责，真正重要的是，我们该怎样克服这种倾向。

我们每个人都有对他人发挥影响力的欲望。这种欲望在本质上与自恋倾向有着异曲同工之处。每个人都希望自己有控制他人的力量。我也想拥有权力，行使权力。可是，我们不同于自恋者的地方，就是和焦虑成正比的欲望没有那么强烈。

如果不想让自恋倾向恶化到"障碍"的程度，我们该怎么做呢？

跳出焦虑和恐惧、拥有影响力的欲望的恶性循环，克服痛苦，方法并不复杂。那就是走进自己的焦虑。起先可能会有些困难，只要尽可能有意识地接触自己感觉到的焦虑就行了。我们要经常感受和了解焦虑下达的是什么命令，防御的是什么。

自恋者独处时会感到焦虑，他们需要身边时时刻刻有人。为了做到这点，他们要持续准备出可以分给人们的小油水，于是身体发生问题。自恋倾向越强，越会发疯地工作，甚至不惜牺牲健康。在这个过程中，他们经常想象自己生病，不能活动，无法发挥任何影响力的情景，于是更迫切地想要得到权力和金钱，形成恶性循环。但是，他们不愿面对自己的焦虑，甚至因为不敢与焦虑接触而更加焦虑。

现在，我来告诉大家走进焦虑核心的方法。首先，请想象你能想象得到的最令人焦虑的状况，然后加以形象化，想象自己身处其中。起初可能会感觉到强烈的恐惧。

夜深人静，偶尔有脑子昏沉差点儿睡着的时候，我想也许死亡就是这种感觉。刚开始只要想到这种情况有多么恐怖，立刻就会清醒。尽管这样，我还是一次次地想象。有时还会产生错觉，感觉有大量或黑白或彩色的点聚集而成的极光跳着群舞，犹如黑洞般把我吸入内部。这种恐惧让我感觉到了死亡的滋味。

这时，最重要的是自己的情绪和想法。我通过这个练习获得的感觉和想法都是非常隐秘的，所以就不在这里公开了。不过，有一点不用怀疑，如果你尝试这种练习，也会获得属于自己的重要领悟。因此我劝各位最好试一试。

我再说一遍，不要集中于想象本身，而是集中于从心底产生的思绪和感情，要感受和倾听这些思绪和感情想对我们说什么。看起来很容易，其实很难；也许你会感觉很难，其实做起来又比想象中容易。

试图回避痛苦，结果痛苦像滚雪球似的越来越大，还不如寻找痛苦之源，与其对话，这是阻止不幸继续加重的最有效方法。痛到不能再痛的时候，不如索性走进痛苦。

不管是否自恋，每个人都无法摆脱直面自己的课题。即使自恋倾向很强的人，也会因为与盘踞在内心深处的"真正自我"偏差太大而承受巨大的痛苦。越是这样，越想通过对外界发挥影响力证明虚假的自己。我们应该观察自己的心，明白真正令我们恐惧的是什么。我为什么焦虑，在他人眼里我真的是个好人吗？为什么我也觉得自己很糟糕？现在到了追踪自我历史的时候，那也是你重新面对自我的时候。

## 你吃的苦要配得上你追的梦

前面说过，具有自恋倾向的人很容易在工作中取得成功。这句话也意味着很多职员在自恋的上司手下工作。

自恋者掌握组织权力的可能性很高，他们能把很多人置于自己的权力之下。他们痴迷于成功和赚钱。在这种欲望的推动下，他们收获的社会成功自然也不会小。自恋者最关心的就是自我扩张。简单说来，自我扩张是试图制造更多听话的人，也就是制造像分身一样为自己做事的人。在社会生活中，如果有意无意地与这种人合作，我们该怎样应对？

先说结论，对于这样的上司，我们绝对不能表现得软弱。所谓"不需要法律也能规规矩矩生活"的人很可能成为他们的靶子。善良未必是好事，反而是界线分明的人更适合和这种类型合作。

如何不表现得软弱，办法有好几种。核心是具备比对方更恶毒的面目，哪怕只有一个也好。如果有信心比对方工作更努力，那你可以毫无保留地展示出你工作狂的一面。不过我不推荐这种方法，因为用不了多久，你就会变成他的样子。拥有比他更多的证书、更高的学位或者更出色的领导能力，如果这些都没有，那就索性不要说话，沉默是金。

奇怪的是，自恋者轻易不招惹沉默寡言的人。因为他们对自己不懂的人或事感到恐惧。

还有一点，不要对他唯命是从。当然，你的基本任务还是要出色地完成。至于业务之外的事情，不要因为他是上司，就无条件忍受。一旦为他做了几次，最终的结果就是被他折磨，"尽情榨取"。最后的你只会疲惫不堪，一心只想逃跑。

这种事例数不胜数。拒绝自恋者的要求时，最好不要模棱两可，比如"我考虑一下"，"以后再说"，而是要非常果断拒绝。如果你说出拒绝的理由，他们十有八九会反驳，说你不了解我的心，或者你缺少霸气，没有远见等等。千万不能被这种逻辑迷惑。

一旦你被卷入这些逻辑，他们就开始上演悲情戏，几乎带着哭腔苦苦哀求："我都了解，可你就不能帮我这一回吗？"请求非常恳切，甚至让人觉得"如果我拒绝他的要求，就太对不起他了，甚至会有罪恶感"，让人觉得"我算什么，值得他这么恳求吗"。这种时候也应该使用正面攻击法。"组长这样恳求我，如果我不同意，似乎有点儿对不住您。不过我还是不能答应。您不会因为我不答应而把我当成罪人吧？"

让人产生歉疚感，从而答应自己的请求，这是他们的战略，千万不能落入他们的圈套。拒绝时一定要说得清清楚楚，斩钉截铁地表达出拒绝的意向。

虽然我提出了许多微不足道的建议，但是向上司或指导教授这种具有绝对权力的人表达拒绝意向，其实真的不容易。所以我有必要解释更根本的问题，先提出下面这几个问题：

"我想通过这个人得到什么？我想通过这个对象（人）满足我的什么欲望？"

如果你一边批判他人的欲望，一边把自己说成毫无欲望的清纯灵魂，那就不好办了。我也有自己的欲望，所以才留在他的身边。要想不被他人的欲望左右，那就应该明确和认可自己的欲望。

自恋者常常浅薄地提出自己的欲望。相比之下，我的欲望显得单纯而朴素，其实根据我的观察，自恋者身边的人也有着不可小觑的狡猾而执著的欲望。从某个角度来说，他们也在利用自恋者。这就像嘴里说着"哎呀，鳄鱼好恐怖，好危险"，却爬上鳄鱼背的鳄鱼鸟，偶尔用鳄鱼吃剩的食物充饥，还不时安慰自己"还是这里好些"。

不坦率的结果是承受痛苦。比如，因为自欺欺人而产生的犯罪感、因为卑鄙而产生的屈辱感、必须忍受耻辱才能维持现有生活的卑微感，如此等等。长期处于这种状态，容易发生抑郁症、愤怒调节困难，以及关系不和等问题。

先看清自己想要留在成功人士身边的欲望，然后给予认可，或许是更好的选择。至少不会发生因为自欺欺人而引起的附加痛苦。

当然，我们也可以选择相反的方式，下定决心"好的，不管我多么辛苦，都不会依赖你们，我和你不再有任何关系。这是我保护自己的方式"。也可以明确自己的欲望领域，"如果你想利用我，好，我也要利用你。这是严格的交易关系。如果你想过分榨取我，我是不会逆来顺受的。不过，我会先从你那里得到我需要的，然后我也会把你需要的东西给你。仅此而已"。

不管做出什么决定，都不能让他们的欲望将你吞噬，也不要用自己的欲望欺骗自己和他们。为了做到这些，你必须对他们的欲望和自己的欲望都了如指掌，还要了解自己的焦虑。

## 做自己，无需演技

"我是谁？""我是个什么样的人？"当你感到生活沉重的时候，会不会突然浮现出类似的疑问？

年末结束年终大会，酒醉之后拖着无力的双腿回家的路上，突然仰望夜空，冲着冰冷的空气发问："我是谁？"这样的经历你有过吗？

一般来说，在十几岁到二十岁出头这段时间里，人们心里的疑问、质疑最多。

所谓的"身份认同感"的模糊感偶尔会使我们混乱。我们不知道自己是谁，也不知道支撑生命的身份意义何在。这样的生活有时会让人自觉愚蠢。"连为什么活着都不知道，却拼命地生活，未免有些可笑。"

你的身份是什么？我告诉大家一个对找到这个问题答案有帮助的线索。你可以这样问自己。

"现在最让我痛苦的是什么？"

"花费我精力最多的对象是什么？"

如果你因为和恋人的矛盾而痛苦烦恼，那么你目前最重要的身份就是"恋人"。如果已婚女性在刚刚开始的研究生学习投入最多精力，那么这位女性当前的身份就不是"妻子"，而是"研究生"。刚开始做生意的人，为了生意而煞费苦心，投入大部分精力，那么控制这个男人最强烈的身份就是"企业家"。

这样来看，我们的身份并不单一，也不会终生停留于同一种身份。一个女人的身份包括妻子、职员、学生、妈妈、儿媳、姐妹等大大小小的角色。也就是说，身份是让自己苦恼的事物的综合，决定于情况、时间、场所和当前的生活条件。某个角色相当重要，某个角色需要的精力则相对少些。

想想看，以前我们经常接触到关于身份的讨论，其实针对的不是"我是谁"，而是"我是什么"。很多人非常重视的身份也许只是"角色"的代名词罢了。

从某个角度来说，也许是心理学通过创造身份这个单词，为人类堕落为履行"角色"的机能性生物体做出了巨大贡献。

我们当然不是"角色"的综合体。角色只是履行功能时

◇ 为·自·己·敢·不·敢·再·活·一·次 ◇

为我们指明方向的约定俗成的社会习惯，不能实际说明一个人，更不能代表所有人。

好，从现在开始进入重要话题。先从结论说起，只有当我们彻底摆脱称之为身份的全部角色之后，才能找到"我是谁"这个问题的答案。只有摘掉外力赋予我们的面具，才能见到真正的自己。很多时候，身份反而令我们混乱，妨碍我们的生活（当然，为身份负责是健康的人生态度。这个问题我会在后面的章节中详细解释）。

如果打着身份的幌子扮演的角色过多，那么你的痛苦自然也会水涨船高。尤其是你从未考虑过自己的身份，不明就里地强行去做某件事的时候，痛苦会更严重。

我给咨询专业的学生上课的时候，问过这样的问题：

"如果没有硕士或博士学位，你还是你吗？""如果你没能成为硕士博士，没能成为心理学专家，你就不能是你了吗？"

这个问题可以变换多种形式。"即使不是知名企业的高管，我也还是我吗？""即使不是某位名人的高中校友，我也还是我吗？"对于这种简单的问题，大部分人都会回答"当然还是我"。那么，下面这些问题你该怎么回答呢？

"即使我不是父亲，我也还是我吗？"

"即使我不是妻子，我也还是我吗？"

我们通常把家人当成最重要的他者，履行相应的职责。如果某一天，丈夫突然失踪，再也见不到心爱的丈夫，你不再是他的妻子的时候，你还能是你吗？

几年前，我遇到一位前来咨询的中年女性，从而有机会深度思考这个问题。珍姬女士具有中产阶层应该具备的一切：豪车和豪宅，工作很好的丈夫，硕士以上学历，丰厚的收入，成绩优秀的孩子，经济宽裕的娘家和婆家，每年都能享受海外旅行，物质上没有任何缺憾。

问题是她的丈夫。为了交际，那个男人理所当然地出入夜总会，并和偶然遇到的女人上床。可他从不觉得这是出轨。"我让你饿肚子了吗？你想要的东西我没给你买吗？喝酒之后打过你吗？为了宴请客户，为了维持社会生活必需的人脉，我当然要去酒吧，你有什么可抱怨的？"他觉得自己为家辛苦赚钱，给妻子提供锦衣玉食，妻子却满腹牢骚，真是太可气、太不知好歹了。

刚结婚的时候，这种事不经常发生，而且丈夫也很谨慎，自然没有什么大问题。随着丈夫地位越来越高，他出入夜总会的次数越来越频繁，夫妻间的争吵也愈演愈烈。尤其是丈夫突然夜不归宿，或者身上散发出浓浓的香水味，衣服上沾有女性化妆品的时候越来越多，珍姬女士的愤怒也日趋强烈。丈夫的态度却理直气壮，反而觉得妻子是无理取闹。

发火吵架的日子渐渐多了，珍姬女士觉得很难再和丈夫生活下去了。她觉得丈夫肮脏，讨厌和他同床，于是分房睡觉。来找我时，她和丈夫做无性夫妻已经快两年了。

她为什么前来咨询呢？她说自己想离婚，只是不知为什么，下不了决心。原因是她不知道自己想要什么，感到很混乱。珍姬女士说最让她放心不下的是孩子。

"有子女的人通常很难做出离婚的决定。珍姬女士最舍不得孩子吗？"

"当然了，这是最重要的问题了。我想给孩子最好的环境，尽可能完美的家庭。只要能做到这点，我什么都能容忍。"

根据结婚年限统计的离婚率显示，婚期不满一年的夫妻离婚率最高。大概是趁着还没有孩子早点儿分开。算上同居不满一年的未婚情侣，无子女夫妇的离婚率相当之高。其实夫妻离婚时考虑最多的就是子女，出于父母的责任感，做出离婚的决定并不容易。

暂且放下离婚问题，我们先来讨论与丈夫的关系。对丈夫习以为常的婚外情感到愤怒，这不难理解，也不需要过多解释。不过丈夫本人也应该知道，这种举动带给妻子怎样的痛苦。

　　"了解到丈夫的举动之后，你的心态发生了怎样的变化？"

　　"先是气得无法自控。等到深夜，等到凌晨，他还不回家，我就猜想他肯定又去做那种勾当了。因为这不是一次两次了。起先我还担心会不会出什么事，知道真相之后就不再担心了，只有愤怒。"

　　"这件事似乎足以让你生气。如果，我是说如果，如果换个立场，我想知道你丈夫会怎么说。"

　　"我要说的就是这个。我问他：'如果我出去鬼混，你会怎么样？'他每次的回答都一样：'男人和女人能一样吗？'"

　　"我们不妨这样假设。假设你在外面赚钱，负责家里所有的开销，丈夫在家操持家务。你每天和男客户喝酒到深夜，现在也有男性做服务员的酒吧，你和男同事到那里鬼混，做了你丈夫做过的事情。如果你丈夫知道了这些，你觉得他会怎么样？"

　　"凭我丈夫的性格，他可能会和我同归于尽，要么一死了之。因为他自尊心受到了伤害。"

"因为自尊心受伤而一死了之?"

"也许他会受不了屈辱,连离婚的要求都说不出口,宁愿一死了之。"

"你说到了屈辱,那你怎么样呢?"

"我?嗯……是的,有种我表达不出来的感情,好像乌云似的。听了您的问题我明白了,对,这就是类似于屈辱的感觉。"

珍姬女士明白了,她最强烈的感情除了愤怒,还有屈辱。丈夫总是辩解,自己为了养家而辛苦付出。他说的"辛苦"往严重了说,也包括通过做类似集团行为的事情巩固所谓的社会关系,确保稳定的收入来源。这么算来,教育孩子,给孩子买书的钱里也包含了丈夫赚来的钱。

交谈过程中,珍姬女士意识到自己吃的、用的、穿的衣服,甚至内衣里都包含了这样赚来的钱。她说屈辱感让她难以忍受。

可是,她难道真的只能这样卑微地继续下去吗?

说到这里,她意识到自己身为孩子的妈妈,把为孩子提供最好环境视为当务之急的想法有多么可笑。自己和孩子享受的丰裕而平稳的生活需要丈夫赚钱维持。当她知道这些钱的来路以后，开始怀疑这不是真正的安稳和富裕。为了保持完美的外表，她要忍受多么巨大的屈辱，而且还不知道要继续忍多久。她没有信心用这种钱养育孩子，过着衣食无忧的生活。

这样下去，也许珍姬女士会做出和丈夫离婚的决定。心理咨询师的职责是帮助咨询者恢复情绪、心理和认知平衡，帮助他们和好。因为感到屈辱而对丈夫心生厌恶，这种心情完全可以理解。但是，我需要弄清楚她厌恶的对象究竟是她丈夫本身，还是她丈夫的行为。我劝珍姬女士在做出离婚决定之前，先和丈夫好好沟通，同时弄清自己厌恶的是丈夫的行为，还是丈夫本身。


交谈持续进行，她更深入地观察自己的内心，最后得出结论。只要丈夫不再做这种事，退一万步，即使不得不这样做，只要丈夫能真心感到歉疚，尽可能努力不制造这样的场合，她反而会更喜欢丈夫。

事情往往是这样，越是痛苦的时候，越是靠近痛苦，倾听感情的声音，真的可以找到意料之外的答案。即使让人无法不恨的丈夫，也需要想清楚他的行为对自己的生活产生了怎样的影响，对于自己意味着什么。为此，需要直面促发内心漩涡般的恐惧。

为了结束和珍姬女士的交谈，我再次提出她的身份问题。为了履行绝对不可以放弃的"好妈妈"，"给孩子提供最好环境的优秀妈妈"的职责，珍姬女士忍受了太多的痛苦。因为她相信，妈妈这个角色才是支持她的人生的角色。

为了履行这个角色，她利用了自己，却从未想过自己的尊贵。她全身心地投入到妈妈的角色，真正审视自己、尊重自己的机会相对减少。她以为出色地完成职责就是保护自己，结果反而给自己带来病痛。

保护自己，确保存在本身的尊严、尊贵不受任何人的损坏。这是自我保护，同时也是互相保护。说到这里，我又和珍姬女士谈论了契约（engagement）。我告诉珍姬女士有必要意识到，彻底解决珍姬的痛苦不能仅仅靠她一个人的努力，还需要夫妻关系的恢复。全社会都要努力纠正男性的性文化、职场文化和待客文化。很多女性认为只要管好自己的丈夫就行了，其实呢，如果把这种努力的十分之一用于纠正包括职场文化和待客文化在内的社会整体文化，才可以得到更大的成果。

咨询结束的时候，她认识到以前全身心投入某一个角色和身份，虽然感到痛苦，却也很满足。她表示会考虑今后怎样才能更加尊重自己。

几个月后，珍姬女士给我发来一封邮件。她参加了女性学专业的研究生考试，已经收到录取通知。还没开始上课，不过她已经决定学位论文要写参与性买卖行为的男人。她还补充说，她不会回避问题的核心，想要清清楚楚地了解究竟是怎么回事。同时她表达了凭借这些知识和经历与丈夫作战的"抱负"。

她在邮件中写道："我告诉丈夫，他的性贿赂、性买卖行为把自己的生活变得多么屈辱，用这种方式赚来的钱给孩子买吃的穿的，用于孩子的教育，孩子能昂首挺胸吗？我告诉他，我觉得他不该用这种方式赚钱。现在，丈夫的态度比以前好多了，自己也在努力克制。不过好像还不是真心反省。我打算再给他机会。我一直专注于妈妈的身份，他也专注于'赚钱者'的身份，要想找到真正的自己，我还要继续劝说，想尽各种办法。不过，我仍然喜欢他。"

我们问自己"我是谁"这个问题常常变成"我是什么"和"谁"相比，身份这个单词更近似于"什么"。我认为最好不要使用身份的说法。因为它只是"社会面具"的代名词罢了。希望各位暂时放开"什么"，凝视你本身。如果你知道自己是"谁"，自然就知道该做什么了。

　　我觉得珍姬女士选择了最鲜明的放弃，她放弃了看起来完美的虚伪的幸福。

## 哭着讲述自己故事的人

　　有的人非常容易感伤，容易哭泣。共情能力很强、心灵脆弱的人，容易悲伤。但是，我现在想说的是因为顾影自怜而痛苦不堪的人。

　　不仅是前来咨询的人，很多我认识的人，都会因为顾影自怜而悲伤。也许是职业的缘故，他们期待我倾听他们的故事。我也发句牢骚，对我来说，想要轻松地和人们见面，在同等关系中交流真的很难。大部分人都期待我听他们说话。学生或后辈也就算了，就连上年纪的前辈，甚至连专业咨询师也滔滔不绝地自说自话。

　　说着说着，不论男女老少，不论地位高低，主题都离不开自己遇到的困难、矛盾和长久以来的苦恼。有的没说几句就开始流泪哭泣。顾影自怜的人有个共同的特征，就是喜欢边说自己的事情边哭。如果是在咨询室里遇到的咨询者倒还可以理解，有时私下见面的时候也会发生这种事。坦率地说，我感觉压力很大，不愿和这样的人见面。因为我很清楚，沉浸于自怜的人，不管旁人怎样安慰都会不停地流泪。

为什么他们一想到自己，想到自己的生活，就那么容易悲伤呢？

举个我真实经历的例子。我和熟人约好一起吃晚饭，见面之前，他发短信说要和好朋友一起来。我产生了一种不祥的预感。像这样跟随朋友来见我的人，大部分都有心事要向我诉说。他们没有勇气去咨询室，不愿接受咨询，于是就通过私交请我吃饭，借机免费咨询。这样的事情我遇到过多次，所以我不会和带朋友来咨询的朋友再次相约。这是利用私交"榨取"我的行为，说明他们不考虑我的感受，也不珍惜我。

果然不出所料。那天，初次见面的女性不到十分钟就进入正题。"听说您是做咨询工作的老师，我可以问您些事情吗？"我很想果断拒绝："不能，不要问。如果你需要咨询，请亲自去找咨询师。"可是她的眼里已经凝结了泪花，我只能回答"好吧，请讲"。吃完饭转移到茶馆，我不得不听这位女性说了两个多小时。她一边说一边悲伤地流泪。

内容大体是这样的：小时候她的母亲受不了父亲的暴

行，多次离家出走，每次都抛下她和年幼的妹妹。父亲只顾喝酒赌博，别说家务，连孩子吃没吃饭都不关心。一回家就烂醉如泥，睁开眼睛又出去喝酒赌博，天亮才回来。每当这时，她就背着妹妹走出很远，去亲戚家讨饭。

当时，所有人都很难填饱肚子，几乎没有哪家存有足量的粮食。母亲出走，短则几天，有时换季了还没回来。家里的粮食都吃光了，饿过几顿之后，她就背着妹妹，用襁褓带紧紧裹住饥饿的肚子，去亲戚家蹭顿饭。冬夜的寒风如鬼魂般恶狠狠吹来，穿着单衣的小女孩背着饿得哭闹的妹妹乞讨，多么悲伤和可怕的情景。

谁听了这样的故事都会悲伤。我也觉得，经历这种痛苦和悲伤的女性很可怜，对她心生恻隐。她一遍遍重复当时有多么害怕，多么艰难，同样的感觉只是稍微变换点儿表达方式而已。每每回想起往事，她都泪如泉涌。抱歉的是，她的悲伤故事让我听得不耐烦，不知道她为什么来找我。于是我问她："你想问我什么？"她的回答是："也没什么特别想问的，就是觉得跟咨询师说完之后也许会轻松点儿，说不定还能听到些对我有帮助的建议。"

难道我是情绪垃圾桶吗？还是默默听人倾诉的树洞？我的心情很糟糕，适当地道别之后就分开了（其实咨询师经常遇到这种事）。

工作较多的日子，一天要面对六名以上咨询者。全神贯注地听他们说完，再努力理解他们的情绪和想法，到了傍晚真的已经疲惫不堪。这种时候，我很想放松地吃饭，缓解紧张情绪。然而连这点时间也要和那样的人见面，我会感觉私生活受到侵犯，休息时光被摧毁，身心更加疲惫，心情涣散。有时，我会觉得带人来找我的朋友不考虑我的感受，甚至因此生气。

这件事情过去几周之后，我遇到了一位新的咨询者。这位女性也很爱哭，也是顾影自怜。第一次谈话，她抽的纸巾就超过三十张。回忆往昔岁月流下的泪水令人厌烦，而且几次过后，她的泪腺发达如初。

我开始厌倦了和她的交谈。她的个人史当然也充满了苦难和伤痛，尤其是小时候和中学时代经历的事情只能用阴郁来形容。

某个周末悠闲地休息的时候，我突然想起几周前遇到的那位女性。当时因为她毁掉了我下班后的悠闲，懊恼的心情使我没有仔细去想她的经历。现在，我却把她和此刻见到的咨询者联系到了一起。她们俩的经历有很多相似之处。

咨询者有两个哥哥和两个姐姐,下面还有两个弟弟、一个妹妹,她在四男四女的大家庭中长大,她在家里的地位小得可以忽略不计。她从小体弱多病,每到冬天就哮喘咳嗽,夏天在阳光下玩一个小时回来,就会大病一场。挑食严重,饭量不到其他兄弟姐妹的三分之一,动不动就流鼻血,经常缺课。家里孩子多,妈妈本来就很忙碌,还要照顾病弱的女儿,非常辛苦。每次女儿生病的时候,妈妈都会发牢骚:"哎呀,烦死了。"

听到某人说自己"你很烦",你会有什么感觉?尤其是非常重要的人,比如自己的母亲……我想起几周前那位女性说过的话。她的妈妈为什么要抛下两个孩子离家出走?这个行为本身传递出怎样的信息?恐怕孩子理解到的信息会是"我是一个讨人厌的孩子,我得不到妈妈的爱"。

我也想起了在饭桌上被我忽略的话:"父亲酒后撒泼,母亲也离家出走,没有吃的,饿着肚子。"起初,隔壁阿姨用同情的目光看着她们,分给她们点儿玉米或蒸马铃薯。几天之后,孩子们因为肚子饿而去找隔壁阿姨的时候,阿姨没有理会她们的眼神,显得很气愤、不耐烦。去姑妈家的时候,姑妈什么也没说,姑夫却说:"又来了?真是的,你们家真够离谱的,啧啧……"说着使劲关上房门,走了进去。

直到这时，我才隐约理解她们因为顾影自怜而产生的痛苦。我们为某人悲伤流泪的时候，原因可能是这个对象处于非常不幸的状况，又无法摆脱。比如，一些情感节目我总是看不到最后，看着看着就会心痛，感觉自己很无力，只能赶紧换频道。

如果其中的演员知道我换频道，会是什么心情？按照这个逻辑，咨询者或那位女性就是节目中的演员，我相当于无视她们的不幸，试图回避的观众。当时她们得到的信息会不会是"啊，我是个可怜的人，让人见了就觉得悲惨"？

因为顾影自怜而痛苦的人似乎"真的"觉得自己可怜。为了理解他们的"可怜"，需要更深层的理解。

其实，顾影自怜的真正问题不是觉得自己可怜，而是看出他人也觉得自己可怜，认定"我很可怜"为既成事实。说到这里，我想起了"自我厌恶"的说法。被他人"刻下"可怜讨厌的印象，这种感情会导致"自我厌恶"情绪的产生。

认为自己可怜的时候，很难生成自我尊重感。别人自不必说，连自己都觉得自己可怜，这样的自己一定很讨厌，很糟糕。自己也想做好，却又总觉得不可能。即使在社会上取得成功，拥有了一定的地位，内心深处还是会传来自己的声音：

"你是个讨厌的人，你是个可怜的孩子，你没有资格被爱。"如果你的脑海里总是回旋着这些咒语一般的论调，你的心情如何？

顾影自怜并非单纯来自曾经的痛苦岁月，也是自我评价的产物。那位和我共进晚餐的女性是在男人都觉得很难的领域里取得成功的企业家，后来那位咨询者也和丈夫经营稳定的私企，社会地位和经济方面都没有任何缺憾。只不过是因为童年时代的经历，她们饱受着顾影自怜的煎熬。


通过精神分析这种职业能为顾影自怜的人做到什么呢？如何帮人渡过顾影自怜这道难关？那就是要引导他们明确自己对自己的评价意味着什么。精神分析工作大部分也是带着咨询者深入痛苦根源。了解顾影自怜的根源在哪里，这是治病的最重要课题。

为此，我们逆向进入前面所说的过程。我们先慢慢地看一看，自己对自己做评价需要什么过程，自己认为自己是怎样的人，为什么会这样认为。这个工作并不容易，它不但要寻找自认为值得别人爱的魅力，又要细致谈论连自己都不愿面对的某些部分。

如果顺利完成这个过程，那么摆脱顾影自怜，摆脱对自己的不满的可能性就很高。归根结底，必须经过被痛苦层层缠绕的过程，才能脱离痛苦。我们的人生绝对不会因为几句不痛不痒的安慰而有所改变。如果我们的人生轻到几句安慰就能改变，那我们的存在该有多么微不足道啊。

要除掉顾影自怜，还有个更重要的事情要做，就是执行送走顾影自怜的"决定"。完成这个步骤后，别人认为自己可怜的视线和信息才不会再有效。"我是个可怜的孩子"这句话不是事实。因为我现在不是孩子，也不需要可怜。把假象当信念，不是成年人该做的事。

我喜欢"执行"这个词，也就是决定（或决心）之后付诸实践的意思。执行决定，送走顾影自怜，这样的自己多么令人骄傲。这样的人更容易得到自己的尊重。

很多时候，的确需要观察和总结自己的感情，进行分类总结，但在某些时候，我们必须发挥决断力，显示我们的意志。

还有个摆脱顾影自怜的好方法，那就是帮助他人，帮助那些像自己一样度过痛苦童年的人，还有因为无法自立而需要帮助的人。

103

我·为·谁·而·活 ◎

用自己的力量帮助他们，一方面，他们在接受了持续而温暖的帮助后，可能摆脱痛苦。另一方面，你也可以在治疗他人的过程中治愈自己。

因为顾影自怜的人通常认为自己是世界上最可怜的人，无心关注他人的不幸。而顾影自怜的人去帮助另一个顾影自怜的人时，就会把需要帮助的他们当成童年时代痛苦的自己，所以说这也就是治疗自我的过程，能将他人的痛苦拉入自己的痛苦，是摆脱顾影自怜的好办法。

通过这种行为，你会发现一个精彩的自己，一个能够帮助别人的自己。一个世纪前，精神分析学界的泰斗阿尔弗雷德·阿德勒（Alfred Adler）就提到了这种行为的治疗效果。他说，"协力"是治疗心理伤痛的最好办法之一。

不要独自蜷缩起来顾影自怜，相反你要直面自己的痛苦，拥抱他人的痛苦，借以摆脱折磨自己的顾影自怜的痛苦。

# 第 3 章

# 我，为什么不安

## 每个人心里都住着一个小孩

　　每天早晨睁开眼睛都要劝说自己好久，才有勇气开始新的一天。我见到很多这样的人，他们真的活得很累。他们过分关注别人的一举一动，哪怕对方脸上只是掠过一丝微笑，像是嘲讽，也会让他们整整一天心情沉重。

　　如果赶上聚会，回来时心情会更悲惨。明明是参加聚会，可是不知为什么，他们却感觉自己去了不该去的地方。说了话就会在意别人的反应，始终无法放松。为了不表现出自己的紧张，结果更加痛苦。他们自己也觉得过分在意他人的反应，对自己感到失望。

　　他们最害怕的是人，却无法避免见到各式各样的人。每天都要面对这样的现实，感觉生活像地狱。


　　允锡的早晨总是从这样的恐惧和沮丧中开始。睁开眼睛，一想到今天该怎么熬，心情就变得沉重。出于职业需要，他要面对很多人。他经营一家小型辅导机构，需要和学生家长交流，还要管理五六名教师。

他最大的恐惧是上课。他是院长，也要负责讲课。学生大多是中学生，正是叛逆的时候，但是这不是最让他痛苦的，与之相比那种被人评判的感觉更让他想逃避。他经常怀着接受孩子评判的心情讲课。因为紧张，他每天都要认真做准备，踏踏实实地上课。尽管这样，每天两小时的讲课还是他一天中最大的负担。如果孩子们在上课时间说悄悄话，然后笑出来，他会觉得那是在嘲笑自己，于是很生气，甚至对孩子们心生厌恶和恐惧。这样的事情发生之后，他的心情一落千丈。

如果哪个不懂礼貌的学生说了难听的话，他恨不得马上关掉辅导机构。可是作为四口之家的家长，他不能没有责任感。再说即使找到别的工作，他也没有信心适应。

为了摆脱这种心情，允锡君也曾付出过不少尝试，其中电脑游戏帮助不小。一旦投入游戏，他的心情就会有所好转。然而谁会喜欢这样的丈夫？妻子发牢骚说："应该和家人共处的时间，你却总是埋头打游戏。"所以，他还不能想玩就玩。游戏结束后回到现实的沉重感，重新面对泥潭般的社会时的悲伤，真的让他难以忍受。渐渐地，他也厌倦了电脑游戏。他也曾痴迷电影，最后也是出于同样的原因敬而远之。

他说三十五岁之后，这种状态越来越严重。二十岁的最后几年，他的状态还没这么糟糕。即使心情低落，也会很快恢复，而且这样的状态也不是很频繁。随着年龄增长，他从一个人变成了需要为三个人负责的父亲兼丈夫，压力似乎随时都死死地压在他的肩头。越是这样，他越没有信心。当然，他并不讨厌妻子和孩子，只是总觉得自己的能力、想法、语言、外貌被人们评头论足，很不开心。人际关系的压力太大了，他无数次地想，如果不用见人该有多好。他几乎从未真正融入人群。因为这种关系的落差，他总觉得自己是不合时宜的存在。

也许允锡君的例子有点儿特殊，不过我们周围经常能见到有着相似苦恼的人。说不定你现在就正为这件事而苦恼：过分在意他人的评价，聚会或会议中不敢发表自己的意见，连个小玩笑都不敢开。这样的人出奇地多。因为过于紧张，无法跟随对话的节奏适度交流意见。别看他们脸上始终带着微笑（那只是面具罢了），心里却迫切地希望这个尴尬的场面快点儿结束。

导致人们这种敏感困扰的本质是什么? 我觉得是"龌龊"。啊, 不要误会。不是我觉得他们"龌龊", 而是他们把自己看得"龌龊", 把自己想得一无是处。他们为什么这样看自己呢? 因为他们总是担心别人会怎样看待自己的举止言行, 所以心里生出恐惧感。

他们害怕"被评价"。

害怕人们的评价, 归根结底是害怕自己一无是处的事实被人戳穿。想到自己的实力或能力, 甚至人品随时都会受到他人不恰当的评价, 立刻不知所措。生怕有人指责自己:"为什么要发表这种脱离问题核心的意见? "开玩笑也不能把别人逗笑, 不会跟着节奏在合适的时间说些有趣的话, 每当这时都会感觉很沮丧、挫败, 觉得自己什么都做不好。

其实问题比这个更复杂。尽管害怕自己的"龌龊"被人发现, 却不愿承认自己的"龌龊"。如果承认自己的"龌龊", 就真的变成了"龌龊"的人。于是, 只能极力避免。明明最在意, 却试图不被别人发现, 只能掩饰自己复杂的心情。

搞笑的是, 这些饱受自我折磨的人大部分都是很"正常"的人。社会关系和经济方面都很有基础, 无论智力还是为人处世, 还是人格方面, 大部分都是相当优秀的人。即便这样, 这些人还是认为自己"龌龊"。这在某种程度上也不失妥当。因为他们长大成人了，却仍然不能正确评价自己，战战兢兢地和他人相处，不敢直视对方的视线。

我们不能因为他们把评价的权利拱手相让而贸然批评他们，因为这种倾向大多来自儿童时代的某种经历。也就是被周围有权威的他者强行赋予的状况。像允锡这样的人之所以持续产生畏缩感，就是因为无法逃脱那时的状况。

那么有没有解决办法呢？首先要找到让自己畏缩的最初回忆。也许是被父亲训斥的回忆，也许是因为老师太凶才变得沉默的状况，也许是因为兄弟或姐妹学习优秀，经常受到表扬，自己无意中成了比较对象，最后得出自己不行的结论。诸如此类，曾经痛苦的经历、环境可能是问题所在。

重新回想这些状况是痛苦的，但是，我们必须重新感受当时的经历，具体感受当时的情绪和想法。只有这样直面当时的状况，才能真正摆脱那种感情。就像要想打扫闲置多日散发出霉味的阁楼，首先要走进阁楼，即使灰尘弥漫，也要把东西拿出来才行。该扔的扔，该留的整齐地放回去，不是吗？在这个过程中，也会浮现出昔日的恍惚回忆。经过一番辛苦打扫，阁楼不再是散发霉味的脏乱场所，从此成为温馨的房间，也就是拥有很多快乐的空间。

明确当时的感情，当时对自己做出的评价意味着什么。有了这个过程，就会知道评价自己一无是处有多么荒诞和不合理了，这是成长的第一步，也是最值得推荐的好方法。

如果你承受着和允锡相似的痛苦，我想叮嘱你，有一件事你要放弃，即，放弃展示自己的欲望。因为，如果想展示自己，想表现得什么问题也没有，结果只能隐藏自己，遮盖过去，进而无法直面过去的经历。

这种放弃需要勇气。放弃想要表现的自己，坐在昔日痛苦的自己面前，注视和安慰那个年纪还小却很糟糕的自己。他是住在你心里的孩子，你要经常这样安慰痛苦的他。这样，你是在内心深处促使我们成长为一个大人。

## 应有尽有 ≠ 心满意足

人们讨厌焦虑，焦虑是大多数人都试图躲避的情绪，但是焦虑也能把人们从危险中解救出来。存在主义心理学把保护我们人生的焦虑命名为正面焦虑。妈妈带领三岁的孩子过马路，如果不担心孩子的安全，不为此焦虑，很容易发生危险。过马路的时候，焦虑的妈妈当然会紧紧拉着孩子的手。从孩子的角度来说，妈妈的焦虑是值得感激的。

如果焦虑总是发挥正面作用，那该多好。如果焦虑不能保护人们的生活，也不能使人更成熟，而是妨碍自己和他人的生活，这就是神经性焦虑（neurotic anxiety）。这是正面焦虑恶性发展而成的形态。

这句话是什么意思？负面（神经性）焦虑来自正面焦虑。也就是说，所有的焦虑都可以归结于正面焦虑。

在了解如何归结之前，我们先来看看正常的焦虑为什么会变成神经性焦虑。有位朋友说他的大学生女儿遇到了困难，邀请我去家里吃晚饭。前面我也说过，我真的不喜欢这种共进晚餐的邀请，只是有的时候无法拒绝。

二十岁出头，朝气蓬勃而且富有魅力的女大学生和父母在一起，饭后喝茶聊天，她说有时耳朵会发出一些声音。

症状的出现并不是为了让人痛苦，而是借此告诉人们一些亟待解决的问题。正如感冒是向我们传达信息，告诉我们太累了，强迫我们休息。

这位年轻姑娘说，每到考试的时候，只要感到焦虑，她就会出现这种症状。事实上，学生中间经常会出现类似的症状。如果症状在特定情况下不严重，那么解决起来应该不难。我问她听到什么声音，她说是女人责怪自己的声音。

世界上没有无缘无故的事。不管发生什么，都与自己从前的经历有关联。我问她这些年来受过的最严重批评是什么。她大声哭了，说高二时一位和她存在竞争的同学向她借学习资料，被她拒绝，于是那个同学拉拢其他同学，集体疏远了她。被同学集体疏远，被人嘲笑和责难，那是最痛苦的回忆。有生以来她从未那么痛苦过。

同学的疏远令她痛苦，她也为自己没借给同学学习资料而感到自责，觉得自己很幼稚。她说，为了克服被人疏远的痛苦，为了不被她们的气焰吓倒，她更加努力学习。每次她学习的时候，同学们就聚集起来，故意谈笑风生。她不得不听着背后传来的冷嘲热讽。越是这样，她越强迫自己学习，后来考上了比其他同学更好的大学。遗憾的是她的人生并不幸福。最后每当学习的时候就出现幻听，如果考试压力加重，幻听症状也会随之加重。

重要的不是当时的事件，而是人在事件中的感受。这位女生究竟有什么感情放不下，直到现在仍然为之痛苦？我问她每次想起这件事的时候，最可信的感情是什么？她说，"绝对不能输给她们"的傲气和愤怒同时涌上心头。高中毕业好几年了，她和同学考上了不同的大学，然而当她学习的时候，仍然感觉高中时代的同学就在身后。

现在，她必须立刻抛弃的是什么呢？是的，那就是并不存在的同学间的竞争心理。明明感觉内疚，却不去道歉，反而用更好的成绩去报复对方。

为了缓解焦虑，负面焦虑的人们要求自己拥有更多。焦虑会因为拥有更多而消失吗？不会。因为人的欲望永无止境。为了缓解焦虑而试图拥有更多，又会担心得不到想要的东西，从而生出新的焦虑。女生不想输给同学，担心把资料借给同学，同学会取得比自己更好的成绩。焦虑情绪驱使她做出了自己也汗颜的事情。如果她尽快认识到错误，向同学道歉，也就不用在那么长的时间里承受精神痛苦了。通过学习与对方竞争的心理越强烈，精神痛苦就越严重。她需要的不是更加努力学习，而是抛弃和同学竞争的心理。

这名女生为了掩盖自己的羞耻之心，选择了蔑视同学的办法。她相信只要自己学习好，就不会遭人蔑视，以前的幼稚行为也会变得合理。我劝她，不管是否与同学们和好，能不能先为那件事向同学道歉。她说不想。

如果道歉太难，那么可不可以抛弃为了战胜别人、为了蔑视他人而进行的学习呢？她思考了一会儿，说学习就是竞争，如果放弃学习，就无法努力了。我反复问她，如果放弃学习，结果会怎么样？她说如果连学习也放弃，自己就真的一无所有了。最后我告诉她，我不是让她放弃学习，而是要她放弃竞争。这时，旁边的母亲变了脸色：在竞争社会，怎么可以放弃竞争！

望着她的母亲，我猜测，对于在这样的父母身边长大的孩子来说，这名女生身上的症状或许是可以预见的结果。又聊了会儿，我发现她的母亲对竞争和升职的渴望达到了中毒的程度。从孩子很小的时候起，母亲肯定一直在向孩子灌输这些想法。

这名女生的症状来源应该比我先前预测的要深得多。我提出几种建议，然而她的母亲根本听不进去。感觉说得太多了，于是我草草收场，离开了女生的家。临走时我叮嘱她一定要去找咨询专家，然而得到的反应不冷不热。也难怪，如果愿意向咨询专家问询的话，也就不会请我吃一顿饭，趁机咨询了。

那位母亲没有听从我的劝告，没让女儿接受任何专业治疗。后来，我听说女孩的幻听症状日趋严重，甚至有过危险举动，多次住进医院。

被人疏远只是女生分裂症爆发的导火索罢了，绝对不是决定性原因。反而是喜好竞争的父母（至少母亲）强迫而反复的要求，降低了孩子的品行，连笔记本都不肯借给同学。有时孩子也拒绝多年的惯性心理，最终却还是没能克服焦虑，沦为焦虑的奴隶。

这名女生被竞争操纵，每时每刻内心都像荒废的战场。即便在这种时候，还应该让她下定决心，不要放弃吗? 应该责怪她"都是因为你心灵脆弱"吗? 不应该, 可遗憾的是, 社会就是这样说的, 尤其是父母。

真正的心理学问:"我们该放弃什么?"问孩子, 问孩子的父母。我们经常忽视该放弃的东西, 为了抓住没用的东西而大喊"永不言弃的人生"。

我再举一个例子, 同样是父母的负面焦虑情绪传递给子女。这个事例跟恐惧和焦虑的终极原因, 也就是死亡有直接关系。对于死亡的焦虑和恐惧深深扎根于我们的心底, 常常引发破坏性的焦虑, 也就是神经性焦虑。

一位三岁孩子的妈妈来到我的咨询室。她说孩子不吃饭。她很累, 也很痛苦。孩子挑食, 每次喂饭都像打仗。如果孩子不吃饭, 一天的生活就像地狱。她也问过别的妈妈, 都说喂饭很难, 不过还没到感觉徘徊于天堂和地狱之间的程度。她觉得自己可能有点儿问题, 于是前来咨询。我想知道她的焦虑到了什么程度, 于是加以仔细询问。她说, 如果孩子不吃饭, 她就感觉世界到了尽头, 一切都完了。这肯定不是普通的焦虑。

随着咨询的进展, 这位妈妈的焦虑暴露出来。妈妈把孩子和自己视为一体, 而且很过分。这位妈妈小的时候经常生病，多次病危，连饭都吃不下，只能依赖输液。死亡随时会来，她常常在焦虑中备受煎熬。

熬过了危险时期，长大成人之后，从前的记忆渐渐模糊，然而那种焦虑的情绪却依旧保留在内心深处。延续生命的孩子出生后，对于年轻妈妈来说，孩子不仅是分身，简直就是她的生命本身。孩子不好好吃饭，说不定会发生什么事情……这种忧虑唤醒了她内心深处随时会死亡的焦虑。

要想恢复属于自己的人生，这位妈妈应该怎么做呢？她应该意识到这个事实，即她对生命的执著演变成焦虑，又转化为对孩子的焦虑。妈妈过妈妈的生活，孩子则是独立的不同于自己的生命体，妈妈应该接受这个事实。往更深层说，妈妈应该放弃通过孩子延续自己生命的欲望。

从生命诞生的瞬间开始，时间就朝着死亡流淌。没有什么比死亡更可怕，也没有什么比死亡更令人手足无措。

从前，有一位力量强大的国王，他通知周围所有的国家，想要什么都尽管拿走。随着年龄的增长，国王渐渐体会到人生的悲凉，甚至疑惑人生究竟是什么。他让大臣派出国家所有的学者，弄清楚人生是什么。当时有声望的学者齐聚一堂，住在王室提供的住所，绞尽脑汁解答国王的问题。为了弄清人生是什么，他们努力了很多年，做成了大量用来向国王解释这个问题的报告书。大臣们送来几车报告书，国王没时间全部读完，于是下令缩减。

大臣们用了几年的时间删删减减，报告书只剩下一马车。这时，国王已经老了，连读书的力气都没有了。下令缩减报告书的国王已经离死亡不远了。他对大臣说，我快死了，把人生是什么缩减到一行。直到临终之际，国王才看到大臣整理好的一行定义：生老病死。出生、衰老、生病，最后死亡，这就是人生。

答案很简单，人生也很简单。如果死亡如此简单地结束，如果人们能如此简单地接受死亡，那么人生真的很简单。

我经常问别人怕不怕死。很多人都说怕，也有不少人回答说不怕。他们说自己有宗教信仰，或者通过个人修行克服了对死亡的恐惧。还有的人说对世界没有留恋，于是不怎么恐惧死亡。这时我会反问：

"如果生病多年，迟迟不死，那会怎么样呢？"

那么很多人都会连连摇头说害怕。

死亡本身固然可怕，感觉到死亡正在慢慢靠近的瞬间比死亡本身更可怕。就像小时候在教室走廊排着长队等待预防接种时的紧张感。一个一个，前面的队伍越来越短，快要轮到自己了，那时多么恐惧，倒不如站在最前面已经打完针的孩子让人羡慕。

比起真正遭遇某件事情，遭遇之前等待的紧张更让我们痛苦。打针结束，立刻就知道等待时的紧张真是徒劳。生病与衰老，最能让我们真切感受到死亡近在眼前。

话题扯远了。我把前面见过的两位母亲（幻听女儿的母亲和为给孩子喂饭而痛苦的母亲）的故事做个总结。强迫女儿竞争的母亲在娘家是多名女儿中的一个，吃饭和向父母要钱买文具的时候，早晨找衣服的时候，一切都是竞争。更大的竞争是展示存在感的方式，幻听女孩的母亲相信可以通过学习证明自己，得到父母的认可。她不满足于没有存在感，而是要崭露头角，告诉父母"我在这里"，而她认为，赢得姐妹之间的竞争的最有效方法就是学习。

多年的心理习惯转移给女儿，这或许是自然得近乎可怕的事情。为什么用可怕这个词？"竞争之我"的基因遗传给女儿，代表着让女儿延续自己的生命意图。如果这位母亲不先放弃"竞争之我"，那么女儿的病就很难好转。

因为孩子不吃饭而苦恼的母亲也很搞笑。孩子凭动物直觉感知到妈妈的焦虑,面对着焦虑的妈妈,能够吃下饭的孩子不多。如果那位母亲没有对死亡的恐惧,孩子可能更爱吃饭。母亲维持自我存在的焦虑正在一步步把孩子逼入病态。

通过两对母子的例子,我谈了焦虑的问题。我想说的是,这两种看似毫不相关的焦虑,最本质的根源都与死亡有关。死亡既是生物学上的死亡,也包括"非存在"状态,也就是没有存在感的状态。遭到忽视或蔑视的时候,没有人不会焦虑。

等待死亡的瞬间比死亡本身更痛苦,原因之一就是自己的痛苦遭到了周围人的忽视。离别之痛、失恋之痛、财产损失、落榜、堕落等痛苦都能成为安慰的对象,可是你的人生不会因此结束。相比之下,一次死亡就能结束所有。这种一生一次的最恶劣事件刺激了藏在我们体内的最根本的恐惧。人们甚至忌讳提到死亡这个字眼,可见有多么害怕。

德国摄影师瓦尔特(Walter Schels)到养老院采访将死的患者,拍下他们临死之前和死亡之后的照片,出版成书。一名患者的故事给我留下了深刻的印象。他说,前来探望的人谁都绝口不提死亡这两个字,这反而让他感到悲痛。

"难道他们不知道吗？我要死了。他们来看我，只谈论天气或者院子里该种什么花，然后就走了，根本不关心我死不死。"

人们怎么会对死亡毫不关心呢？探望患者的人都很清楚患者快死了，反而不愿接近死亡的话题。谁都没有亲身经历过死亡，也不知道该怎样安慰。想不出安慰的话，意味着对那件事的感觉是堵塞的。如果我无法在某种程度上感受那个人的痛苦，自然很难想出合适的安慰话语。

越是看到别人承受巨大的痛苦，人们越是不愿提及那件事。别人的死亡让人想起自己也将死亡，自己也逃不脱死亡这可怕的队伍。这样，站在死亡门槛上的人反而得不到安慰，感到自己被人忽视。

死亡将所有的人都推入忽视和被忽视的状况。既然我不想感受别人的死亡，就应该知道目睹我死亡的人也不愿意接近我的死亡。回避死亡是比死亡先行到达的恐惧。


死亡带给人多重的恐惧。不要忘了，和死亡本身相比，死亡带来的恐惧更让我们痛苦。还不如直接面对死亡。

我们一生中经历的大部分事情和死亡比起来都微不足道。有什么比死亡更沉重？对死亡的恐惧不是因为死亡，而是因为死亡带来的风雨。如果明白这点，我们会更平静地接受死亡。也许死亡本身的确很平静。

从这点来看，目睹某个人临终的场面真是重要的"学问"。我在为母亲送终的时候，感觉这是母亲留给我的最重要的教诲。


一旦驱散对死亡的恐惧，就会得到更大的智慧。美国最著名的艺术电影导演之一大卫·林奇（David Lynch）回忆起父亲时，总会想起十岁时父亲对他说：

"人是会死的，我会死，你也会死。"

年幼的林奇听了这话，深受打击。从那之后，他再也无法停止对死亡的思考。三十多岁的某一天，他说自己领悟了死亡，于是通过电影形象地传达自己的信息。如果没有对死亡的深度省察，也就不可能有那些跨越生死的独特电影。他制作的电影《路直路弯（Straight Story）》非常平静地刻画了濒临死亡的风景。在这部电影中，我们看到一个明明知道自己正在走向死亡，却仍然无法放下问题的人。

"我们每个人都会死"，如果我们坦然接受这个单纯而理所当然的事实，也就能摆脱掉很多无谓的焦虑了。

## 以爱之名，伤害变得冠冕堂皇

人生是选择与决定的连续。仔细想想，我们每天都要做出很多选择。有些是像买冰箱或买车那样相对简单的选择，只要考虑好价格、维护费用和个人喜好，半天时间就能做出决定。但是，面对足以改变人生状态和内容的重要选择时，我们就无法轻易地做出决定。越是艰难的选择，越难判断放弃选项的优势和潜力。想到放弃选项可能带来的利益，脑子就更混乱了。

生活在选择多样化的环境里，意味着我们被赋予了相应的自由，然而人类生活常常因为这种自由而变得更不自由。很多人嘴上说着想要自由，内心深处还是期待有人帮助自己做决定。自由这个词带给人们的焦虑也不可小视，我们很难无条件地称颂它的价值。

前来咨询的人，他们面临的选择大多是足以彻底改变人生方向的重要决定。不管是当事人，还是帮助他们做决定的咨询师，都恨不得向智慧之神祈祷。其中不乏非常为难选择瞬间，比如严肃地思考离婚问题的时候。


贞熙女士忍受丈夫的家庭暴力已经十几年了。

丈夫成长于富有家庭，顺利地从大学毕业，找到了工作。相比之下，贞熙是贫穷人家的长女，艰难地照顾着弟弟妹妹，读完商业高中后就马上开始上班。两个人在工作中相恋，不顾男方家庭的反对结了婚。

婚后，生活稳定下来，贞熙开始学习。以前忙着照顾弟弟妹妹，根本没有时间学习。丈夫不是很赞同，但也不强烈反对。贞熙不好意思跟丈夫要钱交学费，于是一边照顾孩子，一边咬紧牙关刻苦学习。她的成绩一直很好，还得到了奖学金。为了尽快完成学业，她同时学着下学期的内容，最后以优秀的成绩提前毕业。

孩子渐渐长大，可以上幼儿园了。丈夫只想要一个孩子，她不需要生育二胎。她小心翼翼地征求丈夫的意见，说自己还想继续学习，考研究生。她说，指导教授也说她以前付出的努力太可惜了，应该继续学习。那时候，丈夫也没说绝对不行。

学习本身并不辛苦，然而丈夫结婚伊始就有所流露的暴力倾向日益严重。

新婚之初，丈夫经常在醉酒之后骂人或摔东西。随着时间的流逝，丈夫的酒后撒泼行为渐渐演变为暴力，恶狠狠地发泄着他对社会的憎恶。丈夫为自己在工作中遇到的烦恼而痛苦，恨透了给自己带来痛苦的人。他从小养尊处优，没受过大挫折，似乎难以承受职场和社会的压力。所有的人都让他愤怒。他变得暴力，甚至对贞熙大打出手。起先只是一个耳光，后来，强度渐渐加大，次数也更频繁了。

最开始，行使暴力的丈夫在醒酒之后还会苦苦求饶，主动写保证书，说以后绝对不会再做这种事。暴力后的第二天，他会在下班路上买花，买礼物给贞熙，为了让贞熙消气，还准备许多惊喜。看到丈夫这样，贞熙觉得自己只顾学习，没有照顾好辛苦工作的丈夫，还会对丈夫感到歉疚。收到丈夫的礼物和鲜花，她的怒气顿时烟消云散，夫妻感情有所改善。

但是，从贞熙拿到硕士学位开始，丈夫的暴力几乎成了定期活动，而且再不会为自己的暴力行为反省或内疚。他把自己的痛苦全部归咎于妻子，对社会和职场满怀愤恨。惊人的是，偶尔有同事说起丈夫，他竟然是个非常安静斯文的人。谁都无法想象他是会对妻子大打出手的人。

丈夫的暴力日益严重，贞熙急需生活的突破口，就是她最擅长，也最容易得到认可的学习。进入博士阶段之后，丈夫开始妨碍妻子的学习。有一天酒醉归来，他竟然把妻子的教材全都撕碎了。第二天系里有发表会，贞熙恳求丈夫不要打自己的脸，捂着脸，忍受着丈夫的毒打。

为了帮助丈夫改掉撒酒疯和打人的毛病，贞熙试过种种办法。丈夫的酗酒不仅是酒精依赖，已经到了酒精中毒的程度。如果没有专家的帮助，谁都无可奈何。她劝丈夫住院治疗，换来的却是辱骂和暴力。后来，丈夫在职场也常常因为喝酒出错，不被信任。贞熙快要完成博士课程的时候，丈夫被公司劝退，成了失业者。

婆家对贞熙恨之入骨，说儿子娶错了人，好好的人就这么毁了。她唯一可以依赖的应该是娘家人，然而娘家却不容许她依靠。母亲连儿子都照顾不过来，父亲早就失去了劳动能力，贫穷的弟弟连孩子的补习费都交不出来，贞熙不能向任何人诉说心事。

苦难之中也有好消息。她得到了博士学位，幸运地在首都附近的大学找到了工作。读博士期间，她就在这里做临时讲师，正巧缺人，系教授觉得她很努力，就录用了她。

从这时起，丈夫每天都在喝酒和骂人中度过。为了做好

128

为·自·己·敢·不·敢·再·活·一·次 ◇

第一份工作，贞熙照顾孩子，忍受着酒精中毒的丈夫的暴力，熬着地狱般的每一天。她伤痕累累，转眼已经迎来她的四十岁。

　　她说在来找我之前，从未跟任何人诉说过自己遭遇的痛苦。这个世界上，除了丈夫，没有任何人知道她生活在怎样的暴力中。为了不让孩子知道，她甚至恳求丈夫，即使打也要趁着孩子看不见的时候。她说孩子知道父亲生气，大喊大叫，幸运的是还不知道爸爸打妈妈的事。最近，她突然想到以前从未想过的离婚。她痛恨自己这样想，觉得离婚太可怕了，不知道怎么办才好。

　　咨询进行得颇为艰难。有时，我们以得到更好的结果为基准进行选择，有时要以减少痛苦为目的。问题在于她自己。不管做出怎样的决定，她都是同样的痛苦。

　　她恐惧离婚，也恐惧和丈夫共同生活。我问她恐惧什么，她说恐惧"离过婚的女人"这个烙印，而且离婚意味着她要抛弃丈夫，这不是人做的事。何况丈夫现在已经山穷水尽，身为结发妻子怎么能抛弃他呢？还有个原因就是孩子。孩子不能没有父亲，不是吗？尽管世界变了，然而人们对离婚家庭的孩子仍然不是很友善，她不想让孩子承受这样的痛苦。这三者都是使她无法做出离婚决定的原因。

但是，她之所以能想到离婚，肯定有原因。贞熙说："我受够了。"孩子渐渐长大，迟早会看出爸爸殴打妈妈的真相。那时候，孩子肯定会很恐惧。他会对醉酒爸爸害怕至极，最难忍受的是丈夫对孩子也渐渐流露出暴力倾向。别的都可以不管，如果丈夫连孩子也打，那她是绝对不会忍受的。

偶尔，媒体会播报长期忍受丈夫暴力的妻子刺死丈夫的新闻。我觉得，很难保证这样的悲剧不发生在贞熙身上。为了避免这种状况，她必须尽快做出明确的选择。可是她什么决定都做不出来。我不是不承认她不想离婚的原因，站在她的立场上看，三个原因都很合理。话又说回来，像现在这样忍受丈夫的暴力肯定不是好事。

有一位男性来到我的咨询室，原因和贞熙不同，但同样面临着艰难的选择。他名叫正均，五十岁出头，是大企业的管理阶层，和妻子有一儿一女。

有一天，他得知妻子和别的男人发生婚外恋。深夜睁开眼睛，发现妻子不在，环顾四周也没有找到妻子，打手机也不接。直到凌晨五点，妻子才回家。等在客厅里的他追问妻子，得出了全部事实。听了妻子的坦白，正均几乎失去理智，从厨房里拿出了刀，睡梦中惊醒的孩子跑来阻止，才没有发生悲剧。

从那之后，正均的生活变得一团糟。他出色的业务能力在公司尽人皆知，多次救公司于危难之中，因此得到了领导的信任。戒掉的烟又重新吸了起来，本来就经常喝酒的他，现在几乎每天都达到酗酒的程度。

工作和生活渐渐脱离了原本的秩序。

家里又能怎么样呢？喝酒回来，因为对妻子的愤怒而失去理智，极尽辱骂之能事，不管孩子是否在场，他的颓废形象暴露无遗。他的兄弟每天赶来照顾，稳定他的情绪。清醒的时候，他会和妻子理性地讨论以后是离婚，还是努力重新开始。喝酒之后，他就像变了个人。

起先，妻子怀着自暴自弃的心理坦白了自己的婚外情，说完之后也觉得无颜面对孩子。后来恢复理性，她开始反省自己的举动，悔恨交加。她努力恢复和丈夫的关系。跟她交往的男人知道她的丈夫察觉了这段婚外情，一走了之。她感觉自己遭到了背叛，同时也恨自己竟然为这样的男人背叛爱人，十分愧对丈夫。

她很想从头开始，却又受够了丈夫喝醉酒就当着孩子的面辱骂自己，甚至大打出手。现在，妻子也想和丈夫离婚或分居。

正均既不能和妻子离婚，又无法和妻子继续生活。他不知道该怎么办，于是来到我的咨询室。他说离婚也好，不离婚也好，不知道怎么回事，感觉都很混乱。正均承认，自己忙于公司事业，没能好好照顾家人，没有充分的时间和妻子相处，对家事置之不理。但是为了让家人过好，保证他们丰衣足食，自己也尽到了应尽的义务。这样一来，很自然地忽视了家人。当然，正是因为他的努力，家人过着衣食无忧的生活。

妻子上班完全是出于喜欢，经济上根本不需要两个人都工作。他希望妻子在家里多做家务，多照顾自己，然而妻子想做的事情非做不可。最让他难以理解的是，自己身为男人都没有出轨，她怎么会这样呢？

正均为什么做不出离婚的决定呢？首先是想给孩子们提供稳定的家庭环境，而且他也不确信离婚之后能生活得更好。即使再和别的女人结婚，也有可能受到同样的伤害。如果再受到这种伤害，他宁愿去死。

正均恐惧离婚是因为他的深度焦虑，他对今后独自生活没有信心。即使遇到别的女人，也不能保证那个女人不像妻子那样。

贞熙和正均都遇到了艰难而尴尬的选择题。两个人都有维持婚姻生活的自由，也有选择离婚的自由。这样以选择的方式来到我们面前的自由，本质是恐惧。

可以做某件事，很多时候意味着不能做除此之外的事。有的选择并不是挑选更好的一个，而是放弃更难放弃的那个。谈到夫妻关系，无论是在咨询现场听到的案例，还是身边听来的故事，大部分都与是否离婚有关。听到最多的就是"因为孩子，我们不能分开"。选择退而求其次，委屈将就真的很难。

我来讲一件我遇到过的真事。他们即使没有孩子，也不能离婚。以孩子为借口，本质是把应该自己承担的责任转嫁给孩子。

"要是没有你，我早就和你爸爸（妈妈）分开了。"

小时候，你有没有听父母说过这样的话？现在，仍然有很多父母会这样说。他们大概不知道，有多少子女被这句话深深伤过。"因为你，我不能和你爸爸（妈妈）分手，过着痛苦的生活。"有太多人因为父母的这句话而陷入莫名深重的自责里。

选择的影子是"责任"。选择给人带来自由的快乐，也常常相伴着责任，否则就变成了放纵。真正的自由就是真正的责任。

斯宾诺莎说："只有真正自由的人才会感恩。"我仔细思考这句话，将其理解为，在不自由的条件下产生的感觉只能是交易行为。

看看我们的人生吧。我们经常以"爱"的名义做出"交易行为"。"我这么爱你，为你牺牲了这么多，所以你必须这样对我。"毫不夸张地说，这种交易行为占据了我们人生中的大部分。

哪怕丈夫酒精中毒，经常行使暴力，至少不用被贴上"离婚女人"的标签，还可以给子女提供"父母健全的家庭"。也不知道子女是否想要这样的牺牲，径直把自己塞进了这种交易，说是不想让孩子因为没有父亲而受歧视，蒙受委屈，其实是贞熙害怕看到孩子承受这样的痛苦，没有信心掌控可能到来的状况。

正均也属于这种情况。作为一个男人，他自认为给妻子提供了丰厚的物质，妻子就应该为他有所取舍，心里只能有他一个人。准确地说，这是交易。打着爱的幌子，让对方从属于自己的交易行为，最终制造了这场悲剧。

我们社会的很多家庭都是这样，尽管不像贞熙或正均他们那样极端，却也是通过某种交易行为制造着各自的悲剧，承受着痛苦。

贞熙和正均痛苦的原因，严格地说并无不同，也就是他们不想对自己的选择负责。如果深究他们痛苦的核心，应该是对独自生活的恐惧。明明从未尝试过，想到要独自生活就感到恐惧：一个人生活需要对所有的事情负责任，想想就感到恐惧。

"试图通过维持依存关系，就像只剩一只翅膀的两只鸟互相拥抱，挣扎着要一起飞。"这是存在主义心理学家欧文·亚龙（Irvin Yalom）的话，生动地描绘了不易做出选择的我们的形象。

贞熙依赖着酒精中毒而且暴力的丈夫，正均也是这样，尽管妻子抛下身边酣睡的丈夫出轨，他却还是不由自主地依赖她，因此痛苦。

当然了，谁能那么容易就快刀斩乱麻地处理好这种状况呢？配偶出轨或者犯下致命的错误，却不肯轻易离婚，也是人之常情，也是多年情分和生活惯性使然。最重要的是，谁也无法保证分手之后的人生会更好。

我真正想说的是，不管离婚，还是继续维持原来的生活，选择都是要面对的问题。首先找出藏在两人关系之中的影子，反省和承认自己以夫妻关系之名所做的交易行为，认清今后要承担哪些责任。如果不能明确这些问题，只是单纯分开或者继续生活，都将毫无意义。弄清楚这些意义之后，是否离婚的问题也会比想象中简单得多。

那么，贞熙和正均怎么样了呢? 他们二位做出了怎样的选择呢? 这个问题交给各位去想象吧。他们的决定并不重要。如果你是贞熙，或者正均，你会怎么办? 我把生命中可能遇到的最难决定的问题留给各位，作为作业。

我提示一下：

一个人也能过得很好的人，才能过好两个人的生活。

## 别人的成功不可复制

怎样才能成功呢? 世上有多少人怀揣着 "成功" 二字?

找出这个问题的答案出人意料地容易。书店里随处可见的励志书都在讲述成功, 说谁都可以成功, 还讲述了很多通向成功的方法。太多的书籍以这些人为目标读者群讲述成功, 有多少人读过, 就有多少人渴望过成功。

问题是这种成功神话可能瞬间崩塌。

为什么会崩塌? 因为每个人心目中的成功概念都是相对的。我们常说进入 "上流的1%", 100人中只有一个, 不是吗? 不管有多少钱, 不管名气多大, 只有挤进别人上不去的上流, 才能被自己和他人认定为成功。即使把成功基准扩大到10%, 谁都可以成功的说法也依然不成立。因为不管多么努力, 成功人士也只有1%, 或者10%。不可能人人成功, 这是显而易见的事实。这是关于成功的令人痛心的真相。

这里还有个重要的事实不能忽略。所有人都想成功，其实并不是所有的人都真正想要成功。

不好理解吧？人不可能不想成功吧？

让我们看一看，关于怎样才能成功，人们提出了很多战略，却没有提到真正重要的问题。为什么要成功？为什么想要成功？如果问别人"为什么"一定要成功，答案往往缺乏新意。

"因为有钱才能受到尊重！"

"因为成功就可以不做自己不想做的事！"

"因为可以随心所欲地玩，想做什么就做什么！"

"因为可以帮助不幸的人！"

听起来都不无道理。问题是谁都不愿因为这些理由而努力争取成功。人不是那么容易行动的。上面的回答都是成功之后得到的"利益"，而不能成为真正的"理由"。

也就是说，大家其实只是想知道成功的秘诀，却不知道自己究竟为什么要成功。可事实上，如果动因不明确，成功往往很难办到。不管有多少秘诀，多少方法，如果没有明确的动机或原因，怎么可能成功？

所以，秘诀并不是第一位，应该先要诚实地回答"为什么"这个问题。

当某种行动具有明确的动机或意图的时候，我们就能得到力量。"动机"与"动力"有着深深的关联。想要成功的原因越明确，内在动力就越强大。深入探索人的内心，就会发现越是成功的人，动力越是个性而私密。

驱使人们成功的可能是复仇之心，也可能是自卑感，抑或解不开的内心矛盾，不管怎样，他们有个共同的原因就是这种感情专属于自己，而且"发自内心"。

也许你会惊讶于"自己的感情"的说法。你会想："还用说吗，我的感情当然属于我了，难道我的感情还要别人感受到，还是说我能感受到别人的感情？"答案是："对，别人的感情你也可以像感受自己的感情一样感受到。"

我的工作就是尽可能深入分析人心。我经常看到人的心理复杂而微妙。所有人的心理都混杂着自己的欲望和他人的欲望（这里的欲望也可以理解为"动力"）。

如果想成功，那就要先观察，区分出动力（欲望）属于我自己，还是属于别人。

通过和咨询者的交谈，以及在日常生活中深入交流的经历，我觉得很多人错把他人的欲望当成自己的欲望。也许正因为这样，人们才承受着连自己都不知道的痛苦。

举个例子，父母的欲望。现实生活中，几乎没有哪位父母不把自己的欲望投射给孩子。有的欲望非常强烈，比如艺术世家、音乐世家等家庭里的父母，他们的欲望从开始就表露得很明显，然而对于大多数人来说，父母的欲望非常隐秘而"平凡"，以至于很难分清是自己的欲望，还是父母的欲望。

区分"他人的欲望"和"自己的欲望"也不是没有办法。他人的欲望在实现过程中会有疲惫、费力的感觉。你代替别人实现欲望，也可以说是，别人的欲望强加于你，你勉强去实现，当然会疲惫不堪。

成功的欲望究竟是自己的，还是错把他人的欲望当成自己的目标试图实现，很少有人能弄清楚。如果我们的不幸大都来自这里，那么我们就有必要弄清楚欲望的主体。区分自己的欲望和他人的欲望，这是充实自己人生的最有效的途径。

我经常追问咨询专业的学生或实习生："你为什么想做咨询师？"有的是为了取得社会成就或就职，希望别人看重自己，有的想通过关系获得另外的东西。也就是他们中大部分都不知道自己为什么想做咨询师，只是习惯性地觉得应该做。当我从咨询实习生那里得到草率的答案时，我会再次追问。

很多实习生会回答"我想帮助别人"，"了解人心很有趣"，或者"看起来很酷"，"感觉这是不错的工作"之类。这些答案都没错，却不是很有趣。至少学习心理学的人，应该做出更坦率的回答。其中还算有趣和坦率的回答是："因为我想解决自己的问题。"

我要泄露一个职业机密。咨询师也有连自己都意识不到的隐秘的欲望，那就是自己被人认可为"正常"。现在，韩国社会仍然蔓延着荒唐的认识，认为"接受咨询的都是有问题的人"。根据我的经验，前来找专家寻求帮助的人恰恰具有健康解决自身问题的坚决意志，能够坦诚面对自己的矛盾或人生痛苦。比起很多虚伪地掩盖自己问题的人，他们更加勇敢。然而在现实生活中，试图通过咨询获得帮助的人们常常遭到周围人的劝阻，或者不得不面对怪异的目光。

为什么想做咨询专家？这个隐秘欲望的答案就在这里。因为人们很容易认为从事咨询工作的人比前来咨询的人更优秀。人们相信，至少解决心理问题的人精神状态是健康的。也就是说，成为咨询师意味着得到了社会的认可，有一种"我很正常"的优越感。

在我看来，很多正在做咨询或者实习的人都有这种隐秘的欲望，只是自己意识不到。于是我对实习生说，只有意识到并且认可这种欲望，才能进行有效的咨询工作。连自己的主体欲望和他人的欲望都区分不出来，这样的咨询师怎么可能进行正确的咨询？

我们每个人都有自己的难处。从事咨询工作的人更坦率地予以承认，而且比普通人更努力地克服困难。不过，如果认为自己比前来咨询者的精神状态更正常，那就很容易把咨询者当成不健康的人看待。很多咨询师有意识地不想做出这样的举动，但是不想做并不代表不做。

如果咨询师渴望自己正常，那就意味着自己对内心深处的不正常怀有强烈的焦虑，在逃避自己。


好了，现在我们再回到更日常化的现实中来，讨论成功与欲望。我们想做的工作或者想要成就的目标是怎样发生的？也许大部分是受了社会的影响，其中产生决定性影响的通常还是父母。当然，父母也要受到社会的影响。

最近我接受某个地方自治团体的邀请，以中学生为对象进行研究。我和学生们见面，问他们将来想做什么，大部分学生都回答"公务员"。问其原因，很多学生说因为父母说公务员最好。

这是被他人欲望左右的典型事例。我说的不是孩子，而是那些父母。父母为了子女拥有"稳定的未来"而要求孩子做公务员，但是谁也不知道公务员将来会不会仍然算是好的职业。没有自己的信念，片面相信别人的欲望，受其左右。往严重了说，相当于投身到不知道会输得多惨的赌局里。

之所以要用主体的视线严肃考虑父母的要求，还有一个原因。父母之所以让孩子拥有"稳定的未来"，侧面反映出父母正为自己当前的生活感到焦虑。当前生活得心满意足的人们不会说"我想要心满意足的生活"。因为对目前的生活感到焦虑，就把焦虑投射到子女身上，借以减轻焦虑和对未来的恐惧。

这样强求的目标可能成为孩子的人生目标吗？不可能。万一真的成了，那可真的是悲剧。因为孩子的未来是父母决定的。现在要求子女做公务员的父母，不知道当初他们是否也听了他们父母的话。如果听了，我想问问他们有没有因为听了父母的话而幸福。

那么，成功究竟是什么？进入大企业管理层算成功吗？积攒大量财富算成功吗？拥有权力算成功吗？如果这三者都具备，是不是更大的成功？如果拥有这三者的人觉得自己可怜，那又是怎么回事？

我不是想在世俗的成功与个人的不幸之间画等号。每个人心目中的成功都不一样，而我们社会并不重视以自我为基准的成功，而是更重视"世人认为的成功"，尽管这是个模糊的基准。

欲望不是自己的欲望，成功尺度也不是自己的成功尺度。对于这些人来说，成功仅仅是幻想和虚像。如果真想成功，首先应该实现自己心目中的"成功"，对自己的欲望进行全面的探讨，切记。

# 第 4 章

# 我想从别人那里得到什么

## 爱从来不是等价交换

关系，人生痛苦的最大来源也许就是关系。可能是父母与子女的关系，夫妻关系，也可能是和朋友或恋人的关系。素英就是因为关系之痛前来咨询的。

素英说她喜欢上了在相亲会上认识的男人。男人工作稳定，能力很受认可。素英从他身上感觉到了温暖和踏实。随着见面次数的增多，她渐渐喜欢上了对方，于是经常见面。正如所有坠入爱河的人，素英和这个男人分享了很多，希望他永远陪在自己身边。

她和男人分住异地，很难经常见面。素英希望和男人的感情更进一步，可是男人没有做到她想要的程度，所以她常常失落。交往一段时间之后，他们开始频繁争吵，两人相处久了，男人令她失望的事情越来越多。

有一天，素英在吵架之后质问男人，为什么不把自己放在眼里，并且提出分手。其实她并不是真正想要和男人分手。她马上就后悔自己的绝交宣言，向男人道歉，提出要和他重归于好。男人不得不同意她的请求。

但是，素英依然没有感受到自己想要的亲密感，而且比以前更频繁地发泄愤怒。如果男人因为忙碌而不联系，她就责怪男人，你为什么总那么忙。如果男人不回短信或者不接电话，她就连续发送多条短信，不停地打电话，把男人折磨得疲惫不堪。男人渐渐把她当成累赘，并渐渐疏远了她。

其实，素英的不满在于自己比对方爱得更多。这个事实让她气愤难忍。为什么她可以为对方做一切，而对方却不能呢？

这种糟糕的关系没有维持太久，最后男方先提出了分手。素英深受打击，愤怒而绝望，不停地给男人打电话，发短信，还去男人的家和公司要求见面。男人不肯见她，最后素英绝食，大门不出，二门不迈，失了恋，也失了全世界。


女大学生智贤也在与男友的关系中遇到了问题。她刚开始和男友交往的时候，表现得不冷不热。像大多数女性那样，她不把喜欢表露在脸上，不让对方感受到自己的感情。甚至对方先表白，开始交往之初，她仍然表现得冷淡。因为还不确定对方是不是真心喜欢自己。

后来明显感觉到对方喜欢自己，关系确定之后，女性一反从前的态度，展开爱情攻势。随时随地发短信，一天打好几次电话。如果对方不及时回复，或者没接到电话，她就会生气，立刻宣布分手。有时还会在推特上留言说自己想死或断绝联系，男友找到家里也不见，故意让对方担心。如此威胁分手，闹脾气，冷战，最后和好，反反复复，最终逃不脱分道扬镳的结局。因为智贤又交了新男友。

素英和智贤的问题虽然表面上看起来不同，本质上却有很多相似之处。

第一，两人都不确定对方是不是真的爱自己，总是潜意识地比较谁爱得多一点，对感情充满焦虑，不断试探。相互苦苦纠缠，一旦发现对方因为自己而痛苦，或者露出疲惫之色，就先把对方甩掉。她们总是把分手挂在嘴边，尽管她们内心深处最不想要的就是分手。她们的这种心口不一是一种焦虑的表达，想以此获得对方的关注。

第二，她们的精力旺盛得惊人。没有折中，遇到喜欢的人立刻坠入爱河，什么事都想和那个人携手并肩，感受融为一体的感觉。因为太爱对方，所以对方不如我意，她们就马上怒火万丈，一发不可收拾，甚至冒出摧毁一切的念头。这样的反复任性自然会让对方产生被压榨的感觉。可是她们一旦看出对方因为自己的任性而试图离开，她们会做出自我破坏的举动或者威胁对方，千方百计阻止关系破裂。

每个人都尝过失恋之痛，也会在失恋中成长。可是，像素英和智贤这样的人，无论谈多少次恋爱，都会重蹈覆辙。和A见面，进行X方式的恋爱，和B在一起的时候，又可能形成Y形态的关系。然而不管和什么人在一起，她们都以同样的方式开始，又以同样的方式告终。


任性不是问题，失恋不是问题，谁都得失去些什么才能有所得。问题是，反复模式相同的关系，反复同样的失败，渐渐地变成自我毁灭。像素英她们，每次恋爱失败都自责和怨恨对方，怨恨自己总是遇不到珍惜她们的人。这样的结果，往严重里说，可能导致她们渐渐地失去对人的信任，害怕与人相处。

恋爱当中过分执著于对方，其实也不是什么坏事。这是由人际关系特征决定的现象，不可避免。如果这份执著让自己和对方都感到痛苦，那就有问题了。如果问题的原因在于素英和智贤，那么她们的执著究竟来自哪里？

其实，她们的问题不能单纯视为恋爱问题，也不仅仅是一个男人和一个女人的问题。两位女性反复地展示着某种关系的模式。这很可能是因为她们以前的生活经历或某种缺乏史。

我们先说素英。素英是二男一女之家的长女。小时候，父亲经常为了工作而出门在外，素英帮助母亲做家务，照顾弟弟妹妹。母亲照顾着三个孩子，还要出门工作，以补贴家庭收入的不足。

母亲支撑着艰苦的生活，经常向长女素英倾诉自己的痛苦。素英很心疼，也很同情母亲。父亲工作很勤奋，赚钱却不多，因此成为无能的父亲。

在这种情况下，素英把母亲和自己看作命运共同体。这种关系叫做"共生关系"，像双胞胎，把彼此视为一体。这要比视为一体更严重。她们认为两个人的感情和情绪都必须完全一致。妈妈开心，我也开心。妈妈难过，我也必须难过。否则就觉得不对劲，对妈妈心生歉疚。总是迎合妈妈的心情，要不然素英就会感到焦虑。

没有谁明确要求素英这样做，也没有谁强迫。从某种角度来看，这是所有母亲的真正力量。越是母亲心情决定整体气氛的家庭，子女越容易努力迎合母亲的心情。

素英和母亲的关系像夫妻。这是她与他人相处的最初方式，也是保持时间最长的方式，很难抛弃。像素英这样的人，与别人相处的时候也套用"我高兴你也高兴，我生气你也必须生气"的公式。如果心理频率不同，就会焦虑。

根据母女关系的方式，素英认为如果不是情绪共生，那就不算恋爱关系。我想你，你也应该想我，我为你付出这么多，你也应该为我付出这么多，甚至更多。事实上，男女关系是在不同的成长环境中长大、有着不同经历的两个人的相处关系，任何两个人，不管彼此多么喜欢对方，彼此的感情频率都会有所区别。双方必须理解这点才行，素英却做不到。

智贤的情况也差不多。小时候，智贤想得到妈妈的爱，必须观察妈妈的脸色，否则她就成了坏女儿。妈妈经常责怪女儿："我这么难受，这么辛苦，你怎么可以不听话？"妈妈希望女儿和自己有同样的感情，并且暗示女儿，如果不这样做，她就收回母爱。这让智贤忐忑不安。如果有亲密的人，她当然会希望他和自己一样。

素英和智贤的关系模式源于可能被抛弃的恐惧，也就是"遗弃焦虑"。一想到自己可能被抛弃，就会焦虑。摆脱不掉必须和对方形成一体感的想法，否则就感觉自己将被抛弃，满心不安。从这个角度看，两位女性的问题都源于和母亲的关系。

通过这两个事例，子女和母亲的关系会对子女与他人的关系产生更大的影响。尤其对子女性格的形成影响巨大。因为大家对爱的确认主要是通过母亲来完成。再准确点说，应该是和主要养育人的关系，会成为日后与人相处的基础。

素英和智贤还有一个共同点，那就是为没有"自我"而痛苦。她们没有自我，自我概念模糊不清，总想通过关系来确认自己的存在。她们必须把某人和自己等同起来，形成共处关系，然后才能确信自己的存在。如果没有这样的人，她们会觉得自己是空的。

她们努力把自己的狼狈和卑微藏在内心深处。如果男人喜欢我，我也可以喜欢自己。她们想把男人的一切据为己有，把男人喜欢的东西也视为己物。自己的喜好不值一提，极力迎合对方的喜好和想法。同时说服自己，这就是我想要的。

她们相信，对方的想法和感情就是自己的想法和感情，同时试图确认彼此之间的亲密感。与此同时，她们又会莫名其妙地对自己感到愤怒。因为自己总是依赖对方，没有独立性了，一无所有，一无是处。

人很难在关系中划分界限。社会关系可以明确划出界限，设定关系的折中点。至于亲密关系，不管是感情，还是思想，属于自己的都很模糊。尤其在两个相爱的人之间，保持距离绝非易事。素英和智贤的情况更加严重，她们认为保持距离或划清界限的就不是爱情了，"爱就必须合而为一"。

我想说的是，她们要的不是"异性关系"，而是"妊娠关系"，试图把不同于自己的对方包含在自己内部，完全属于自己，所以占有欲才会表现得那么蛮横。

尽管我的说法令人痛心，然而关系的真相就是这样。她们执著的对象表面看是男朋友，其实是她们自己。她们没有自我，于是努力寻找自我。通过恋爱关系，通过男朋友寻找自我。严密说来，她们不是寻找自我，而是在寻找"反映在男人身上的自我"。

"我本以为我没有自我，可是自从遇到男朋友之后，感觉好像有了自我。他让我感觉到自己的存在，我想拥有他。"这是她们的逻辑。她们执著的不是自以为喜欢的那个男人，而是让自己确认自我存在的那个人，也就是执著于自己。

她们不知道自己执著的究竟是"那个人"，还是在和他的关系中发生的"让我感觉到自己的感情"。如果和那个人发生关系就能确认自己的存在，没有了他，你似乎也随之消失，那么你更需要的不是对方，而是想要确认自己的存在。

这种问题之所以发生，还有另外的原因。除了家庭内部赋予自己的角色或自己的社会形象，她们没有足以发现自我的健康经历，也就是她们不是通过他人寻找自我，而是自己寻找自我。展示这样的自我，的确是很难的事情。

我们真正发现自己，健康地发现自己，这样的经历并不多。家庭、学校和社会都在妨碍这种经历。不承认各自的本性，过分在意他人的目光，必须得到社会的认可。在这种情况下，真能发现自我吗？何况如今这种超越家庭中心主义，强化为"家庭埋没主义"的现状，孩子完全归属于妈妈，很难拥有自己的世界，越来越多的孩子因为扭曲关系的亲密性而苦恼。

尤其是妈妈和女儿的关系，问题更为严重。现在，过分介入子女生活的母亲太多太多了，很多妈妈试图把长大成人的女儿拴在身边。"不要结婚，用你的专业工作，养活自己。"很多女儿三十多岁了，仍然像是妈妈的影子，还把这样的生活看成理所当然。妈妈把子女的人生当成自己的人生，女儿公然说妈妈不是妈妈，而是朋友。妈妈不放女儿走，女儿也不想离开妈妈。这种共生关系的增多令人忧虑。很多父母妨碍着子女的心理和情绪的成长。也许是这个缘故，像素英和智贤这样遇到困难的年轻人日趋增多。

诚然，想在关系中保持平衡总是很难。社会关系有着明确的界限，而情绪领域的界限却是模糊的，而且很多人对关系存在误解。

关系不是由界限组成，它需要某种空间。

恋爱中的两个人走得越来越近，避免不了互相碰撞，互相伤害。这就需要即使发生碰撞也不会受伤的空间，互相承认的空间。空间是尊重自己和对方的领域。虽说相爱就该融为一体，全心全意，然而我们根本不可能是一体，也无法成为一体。他人不同于我，这是毋庸置疑的事实。

像素英和智贤，她们的问题也许并非没有界限，而是界限太过分明。她们和她们的恋人针对你归属我，还是我归属于你这个问题争吵。这种单方面的关系不可避免地会出现矛盾。

前面已经说过，所有的关系都需要适度的空间和缝隙。从这个意义来说，寻找发现亲密感的其他方法似乎也很重要。如果不能交融就不是恋人，也不是爱情，这样的观念必须抛弃，给彼此留下空间。身边有很多人都说，不考虑结婚的相处反而更轻松。因为不管条件或者好与不好，都可以完全接纳对方的优点和缺点，从而继续维持关系。

对于试图通过恋爱寻找自我的人，我想奉劝几句话。

我们经常在杂志恋爱专栏看到"多恋爱，寻找适合你的人"之类的话语。可是我想反问：难道非得恋爱才能发现自己吗？很多时候，恋爱本身就是负担，明明如此，还要试图通过恋爱寻找自我，无异于徒劳地等待白马王子的到来。

恋爱不是必需，只是形成关系的一种方式。没有必要固执地认为非要和某个人形成关系，友好相处，才能幸福，才能找到自我。如果能够摆脱把自己归属于某个地方，将自己分类的诱惑，或许更为重要。

不要期待他人和自己是同样的存在，更不要期待某个人具有同样的情感表达方式和关系模式。如果你身边有人这样要求你，请郑重告诉他：我不喜欢。同时，也不要过于私人化地接受以此种方式反映出来的对方的感情，以防受伤。

素英和智贤试图用母亲关系的模式与他人相处，认为对方的情绪频率应该和自己完全相同，而且应该对自己产生亲密感。否则就不是谈恋爱，也不是爱情。她们总是想和对方融为一体，否则就觉得对方不爱自己。前面我们分析过了，这是不可能的。

如果你正在承受像素英和智贤这样的关系之痛，那么请先观察你和母亲（儿童时代的主要养育人）的关系。母亲对你提出了什么情绪上的要求，你又是如何回应的？如果和母亲情绪不一致，会不会感觉内疚，强迫自己用母亲的方式感受和思考？希望各位反省，这种模式是否已经在你心里根深蒂固。

弄清自己在与母亲的关系中有过哪些感情经历，这对于了解自己怎样长大，理解自己的成长史很有帮助。然后就是思考怎样独立于母亲，形成真正自我的阶段？我是怎样的人，我用怎样的目光看世界？我凭借什么在社会上生存？

请不要误会，我并不是责怪素英和智贤的母亲。她们曾经生活艰难，甚至都不知道自己做了什么举动，无意间向子女发泄了自己的遗憾。

每个人都不可能瞬间改变自己的人生，不过和他人的关系、和孩子的关系却可以马上发生变化。如果意识不到这点，同样的关系很可能反复出现。如果自己知道与人相处的方式,那就有可能得到治愈。改变和家人的关系,自己也可以得到治愈。在反复的关系模式中,需要有人主动斩断锁链。对于素英和智贤来说,这是解决关系之痛的方法。

## 安全感只能自己给自己

二十八岁的贞仁在第五次恋爱失败之后，来到我的咨询室。

她的第一次恋爱因为男友入伍而结束。贞仁说，男朋友去部队以后，她受不了孤独，于是选择和不用再入伍的复学生交往。

第二个男朋友总是要求和她发生性关系，她不愿意。每次她拒绝的时候，对方就说"你不爱我"，贞仁很痛苦。她不得不满足男朋友的要求。交往一年多，贞仁总是被迫满足对方的要求，她很不情愿。

贞仁就是这样，她交了男朋友就完全依赖对方，对方让她做什么就做什么，哪怕小小的决定也要询问对方的意见。第二个男朋友嫌她麻烦，干脆离开。相比于失恋的打击，一个人生活的焦虑更让贞仁难以忍受。所以分手不到两个月，她就交了新的男朋友。这个男人和第二个男朋友不同，看起来性格很温和。可是不到三个月，贞仁却主动提出了分手。因为她感觉对方太软弱，无法依赖。

第三次恋爱失败后，贞仁决定短期内不再谈恋爱，然而一个人的生活让她茫然无措，甚至日常生活中的小事也很难做出决定。从前选课都要询问男朋友的意见，每天穿什么衣服都要逐一问男朋友。贞仁就是这样一个依赖性很强的女人。另外，很快就要毕业了，她害怕踏入社会。

后来，贞仁终于在英语辅导班遇到一个男人，开始了第四段恋情。贞仁成绩很好，毕业后很快在某中型企业就职。男友毕业之后，正在为就业做准备。贞仁给男朋友零花钱，帮他租房子。租金当然也是贞仁支付。

男朋友说要快点儿找到工作结束无业游民的生活，但说出来和行动起来完全是两码事。这个男人经常在面试当天因为睡懒觉而错过时间。身边的人都劝贞仁和他分手，贞仁也觉得有问题，可她无法分手。因为除了工作，贞仁的全部生活都以男朋友为中心。家里说她有男朋友，也找到了工作，让她带男友回家看看。男朋友却说在找到工作之前绝对不见贞仁的家人。于是，连家人都出面怂恿他们分手了。最后，贞仁终于和他分开。

不久以后，贞仁又因为无法忍受孤独而和公司男同事交往起来。不成想，这个男人竟然脚踏两只船。直到这时，贞仁才来到咨询室。

贞仁最大的问题是"依赖"。

"依赖"是关系中非常重要的关键词。人际交往中多大程度上依赖他人和被他人依赖，直接决定了他们的关系是否均衡。

关系之所以出问题，大多是因为一个人没有意识到自己有多么依赖他人。一个人越是依赖另一个人，那么他对这个人的要求也就越多。如果对方满足不了自己的要求，我们就会感到失落和生气，于是两人之间就会发生矛盾。

我们似乎都有种偏见，习惯于把女性和依赖联系起来。比如贞仁的例子。可是，依赖并不仅仅是女性的问题，男性也有依赖的欲望和态度。因为男性并不是比女性更独立的生物。女性有自己要求的对象和方式，男性也有。认定女性依赖性更强是不客观的。不过，一个事实是，大多数国家的社会氛围对女性的依赖心理相对宽容，对男性则不然。

贞仁想通过恋爱满足依赖欲求。通过她的恋爱方式，我们可以发现一个有趣的地方。如果看得仔细的话，你会发现贞仁选择恋人的标准有着莫名的巧合。

第一个男朋友参军，她选择了复学生作为第二任男友，消除了"军队"这个焦虑要素。第二个男朋友性格粗鲁，让贞仁很痛苦，于是选择了比较柔弱的乖男孩。这个人又太柔弱了，无法让贞仁依靠，这次她选择了虚荣懒惰、在找到工作之前绝对不见她父母的男人。和无业游民男友分手之后，她选择了公司同事，借以摆脱"无业游民"男友。

那么，贞仁的下任男朋友会是什么样的人呢？

从在性方面给她造成压力的男人到温顺的男人，因为刚开始社会生活的男人经济实力较差，于是接下来选择经济较为宽裕的男人。发现没有？她选择男友不是为了恋爱，而是为了消除上一次恋爱留给她的焦虑和遗憾。既然这样，那么接下来她会不会选择一个无可挑剔的男人呢？

我们再来看看贞仁的家庭关系。她说妈妈是"女汉子"，父亲像野花。父亲性格柔弱，对文学和艺术有着很深的造诣，做生意屡屡失败，经济上很无能。母亲却有着高明的生意头脑，擅长理财，几乎可以弥补父亲的经济无能，所以贞仁一家过着衣食无忧的生活。贞仁还有个哥哥。父亲偏爱贞仁，从小就对她倾注了很多爱。母亲经常说："你怎么跟你父亲一样？"每次她犯错误或者疏忽，母亲都会说："这就对了，你父亲的女儿还能好到哪儿去？"

相比之下，哥哥却是母亲眼中的完人。他学生时代始终名列前茅，留学归来，早早成为教授，成为母亲最大的骄傲。贞仁的成绩也不错，却总是被拿来和哥哥比较。母亲经常说，你能赶上哥哥一半就行了，以后你就听哥哥的安排吧。事实也的确如此，自从上了高中，贞仁的很多决定都是听取哥哥的意见，而不是父亲。

看过贞仁的家庭情况，我可以理解她身上的矛盾了。她是那么依赖和执著于对方，我们不得不反问，她是不是非常脆弱？其实我们可以发现，她反而比任何人都"强有力"地依赖着对方。既然能够如此强有力地依赖，那么她身上是不是存在某种力量呢？事实上，除了男友问题，她的社会生活还算顺利，甚至能在经济上支援没有收入的男友。

一位中年女性前来咨询，情况也和贞仁相似。丈夫只会喝酒、打人，而她却要代替丈夫赚钱养家。她嘴上说再也无法忍受，却不敢去想分手的事。她自己可能没意识到，其实她正强有力地依赖着丈夫。

贞仁以后会选择什么样的男人，我们不得而知，但我想她肯定也会像强硬的母亲那样养着丈夫。代替无能丈夫养家的母亲和她是多么相似。

我们不能不感到疑惑。贞仁完全可以继承父母的优点，比如父亲的丰富感性、母亲的坚强和现实性，为什么偏偏继承了父亲的懦弱和母亲试图依赖优秀男性的性格？贞仁为什么只继承父母的缺点呢？

原因在于父母的负面反馈。母亲经常说"你这个样子就对了"，父亲说"你和你妈妈不一样"，对于配偶的负面评价统统抛给贞仁。贞仁接收了父母对配偶的责难，自然就会潜意识地向着他们发展了。

母亲认为贞仁和父亲相似，这种反馈也包含着正面信息。这种方式虽有问题，但她照顾失业男友的行为或许就是继承了父亲愿意为他人牺牲，照顾他人情绪的隐秘感性。与此同时，父亲埋没于和母亲的不平和的夫妻关系之中，作为社会人的能力没有得到充分发挥。贞仁也表现出埋没于关系之中的方式。

深入剖析贞仁的依赖性，我们会发现她身上父亲的影子。父亲在经济上依附于妻子，在感情、经济和男性方面，他的地位又被儿子剥夺。父亲由此获得的东西对贞仁也产生了某种程度的影响，使她知道通过依赖可以得到某些东西。

真的，人们为什么要依赖别人呢？因为通过依赖是最安全的存在，事先预防对安全和失败的恐惧，借以减少失败的危险。这样的时候，人就可以不做其他的事情，更不用冒险。从某个角度来看，贞仁的父亲又是幸运的，因为他不用再次经历失败。贞仁用父亲的方式去依赖别人，却屡遭失败。

家庭把贞仁置于照顾别人的位置，这也许是家庭关系中支配女性的最温柔的方式。父亲在经济上依赖妻子，情绪上依赖女儿。他把自己和年幼柔弱的小女儿视若同体。这可能是盘剥，也可能是支配。


贞仁的家庭还有另一个有趣的地方。他们以负面形式分别具有男性和女性可能具备的男性化和女性化。母亲的男性化，父亲的女性化，贞仁的女性化，哥哥的男性化，问题就发生在像他们这样只选择他人机能较为发达部分的时候。他们应该算是分工合作的家庭吧。其实像贞仁家这种决定了他们家的每个人都不能把个体的资源和特性以总体的方式发挥出来。在这个家庭中，拥有不同能力的个人分别朝着各自的方向形成自我，因此很难从彼此的关系中发现本来的多样面貌。也就是说贞仁一家分别单腿站立，互相依赖，谁都无法成为独立的个体。

如果贞仁的父亲很强大，有着强烈的社会成就欲，也许会出现不同的矛盾。母亲充当了男性在家庭中扮演的角色，父亲只是个影子，他们活在彼此的指责中。他们通过指责互相确认自身的存在。相互指责的时候，他们通过对方突显自身的能力和长处。

很多家庭都是这样。不是每个人的能力结合起来，充分发挥，有效运转，而是强求每个人使用各自擅长的部分。在家庭内部，这样的模式还可以运转，然而在社会领域就会发生问题。

结婚应该是独立个人的自由结合。我们遇到的家庭却不是"结合的家庭"，而是像贞仁家这种"依存家庭"。

结合是独立个人与另一个独立个人走到一起，依存则是互相指责，同时又把对方的某些部分变成无能状态，并以这种方式共同生活。这样看来，贞仁的依赖性不单纯是个人性格或懦弱所致，而是推动整个家庭前进的共同商定的命题。

父亲是所谓的"吃闲饭男人"，不用赚钱，只要住在家里就行了。妈妈获得了自己想要的家长地位，自身能力也得到了社会的认可，感情上与家人交流甚微。哥哥选择的是韩国社会要求的最合适的生活方式，有全力支持他的妈妈，不需要和父亲争吵,自然而然从母亲手中继承了家长的王冠,也在社会上取得了成功。

比起哥哥,贞仁学习成绩不好,也没取得社会性的成功,得不到母亲的感情支持,只有来自失败者父亲的感情支持。她学会了在感情上照顾别人,却从未学过怎样健康地对待别人。小时候她依赖父亲,中学时代依赖哥哥,大学时代则依赖男朋友。

在以依存机制运转的家庭里,贞仁这个最薄弱环节发生了问题。家庭内部力量最弱的人常常成为其他成员的感情垃圾桶。有种说法叫做"牺牲羊",指的就是在家庭成员中受到指责最多,成为感情宣泄对象的人。为了维持家庭,贞仁的家人也需要"牺牲羊"。

贞仁不知道如何经营自己的生活,如何对待家人,她希望男人能帮她完成这个角色。男人则需要比贞仁更优秀的女人,于是贞仁接连失败。贞仁也在照顾他人和反复失败的过程中认识了自己。从父亲到恋人,她变换着需要的对象,试图得到从父亲那里继承来的无条件照顾和感情焦虑,然而她失败了。

喜欢照顾或帮助他人的人,都会尽力寻找"被人需要"

的自我认知。他们一旦失去或者没能得到"我被人需要"的信息的时候，就会不断努力，试图成为被需要的人。因为他们对自身存在缺乏自信。

通过关注人际关系中遇到困难的人们，追寻问题的根源，我们发现大部分都与别人对自己的评价有关。有的人没有自我的概念，总是像影子，因此需要形象化。还有的人像贞仁，保持着歪曲的自我形象，错误地以为自己是不被需要的人，必须照顾别人。因为他们认为，如果自己不先爱别人，先为别人牺牲，那就没有人保护自己。

那么，贞仁的家人为什么那么执著地互相依存呢？

子女在与父母的关系中形成了充分的依恋，这份依恋有助于形成充分的存在感和自尊心。贞仁的家人非常依赖对方，非常执著，却不知道他们是不是相互依赖的关系。日常生活中经常会混淆依赖和依附、依恋和执著，依恋和执著的形成看似相近，其实大相径庭，正如依赖和依附的关系。

我们和形成依恋关系的对象互相依赖着生活。当健康的依恋形成的时候，随之发生的是健康的分离。孩子的人生大权掌握在父母手中，为了生存，我们拼命依赖父母。从那之后的很长时间里，我们都要依赖父母。

父母与子女形成的是健康的依恋还是执著，决定父母是否会焦虑。在贞仁家里，父母的焦虑表现为把女儿和父亲视为一体，妨碍贞仁的成长和独立。他们想把女儿置于怀中，不肯放走女儿。

很多家庭都存在这种现象。有的是子女因为离开父母而焦虑，更多的是父母不愿让子女离开，这种感情传递给孩子，子女因为父母的不舍而难以独立。拿贞仁来说，不是不让女儿离开，而是不让父亲离开。这可以看作是潜意识里强求得来的依附。这样的结果是身体长大成人，心理上仍然没有长大。这样的子女只能通过其他对象复原这种关系，重复和父母的关系模式。

贞仁谈了五次恋爱。她对自己感到焦虑，觉得自己不能和具有焦虑要素的人相处。然而世界上不存在完全不焦虑的人，存在焦虑属于正常现象。

我说过，焦虑分为神经性焦虑和正常焦虑。在以正常分离为前提的依恋过程中，因分离产生的焦虑是正常焦虑。健康的依恋关系能够克服这种焦虑。相互执著的关系反而会使分离产生的焦虑更为深重。

贞仁的正常焦虑在某次事件、某种状况下发生变质。母亲把她和父亲视为一体，而且不断强化，导致贞仁觉得自己不能和父亲分开。这种事件不断反复，贞仁开始责备自己，认为自己必须照顾某个人，才能得到对方的爱，才能确认自身的存在。每当和某人关系破裂分手的时候，她的正常焦虑都会变质为神经性焦虑。

贞仁需要明白什么呢？二十八岁的女性，内在和外在的资源又是什么？贞仁的神经性焦虑的线条破碎，会转移为存在焦虑吗？她也在恋爱中探索自我，只是采取了不正确的方式，选择了以安全为目的的探索。不过，她肯定也会从中学到些什么。

贞仁出身于中产家庭。中产阶层的特征是努力不失败，不愿创新和突破。他们不断寻找和自己的性情、形成自我的环境相似的条件。我不是自己，不是直立的主体，而是逆转的主体。她不是积极发现自我，而是以负面方式确认自我。不是发现新的自我，而是在与他人的关系中仍然固执于陈旧的方式，所以她失败了。

那么，我们怎样才能遇到发现崭新自我的瞬间呢？

很多人期待恋爱能实现这个奇迹，进入恋爱关系之后又固执于既有的关系模式。我不相信贞仁会对男朋友的话充耳不闻。她究竟怎样理解男朋友对她说的话? 贞仁通过恋爱学到了什么? 会不会什么都没有学到?

也许男人会对贞仁说,你太烦了,不管对谁,你都是一个样子。当然和她交往的男性本身也有错。对贞仁来说,恋爱无疑是从家人之外的他人身上寻找熟悉的自我,重复和父母的关系模式,并且加以扩大。

女性到了二十八岁左右,每个人都会为了不让自己焦虑而选择结婚。为了确信自己不孤独而自我欺骗,专注于某个人。贞仁说她害怕孤单。其实恋爱时也可以享受独处时光,接纳自己。也就是说,保持自我中心和专注于别人并非势如水火。比如和乖男孩男友谈论妈妈,尝试以前禁止的事情。即使恋爱结束,也能以不同的方式前进。恋爱结束不是失败,而是进入关系的下一个过程。贞仁却只将其理解为失败。因为她不尝试发现和变化,而是固执地重复同样的模式。

幸好贞仁习惯帮助别人,这是她的好资源。不图回报地给人帮助,能让她从帮助别人的行为中得到快乐。如果她有同性朋友,说不定可以成为互相帮助、互相支持的关系。她说一旦投入恋爱,所有的关系都以男朋友为中心。对于这样的女性,女性也会持责难态度。贞仁可以在同性关系中做出新的尝试，这样就会重新审视自己和母亲的关系，也能以另外的方式发挥自身的女性特征。

有时不必照顾别人牺牲自己，也可以为自己，为了满足自己的欲望而使用这种资源。如果不是在照顾他人的过程中确认自我的存在，而是换成照顾自己，就有可能做到了。

我们还没说出贞仁的最大秘密。现在，到了探讨她的最大秘密的时候。为什么贞仁偏偏在第五次恋爱失败之后来咨询室呢？她完全可以更晚些，或者更早些。贞仁说她发现男朋友脚踩两只船，于是前来咨询。

很多人前来咨询都不仅仅因为痛苦，他们都是在"危机瞬间"来找我，在以前重复多次的模式行不通的时候来找我。他们本人没有感觉到危机，然而内心深处会察觉自己在痛苦中得到满足的方式不再继续。

用贞仁的话说，她心目当中代替父亲位置的男人和其他女人有染。这个总体关系的焦虑中，有一个回路断了。通过这个男人，她得知某种机能彻底封锁了，因此下意识地感到恐惧。如果没有这种内心的恐惧，她是不会来咨询的。

精神分析学认为，女性会和其他男性重复自己与父亲的关系。最后那位男性的背叛被贞仁理解为父亲的背叛。贞仁是在面对某种选择的瞬间来到了咨询室。也许她在寻找不会背叛的另一位"父亲"照顾自己，而且不会抛弃自己的人。这个人就是咨询师。她要进入另一段依赖的历史。咨询师应该小心翼翼，有条不紊地帮助她，使她自己明白这种潜意识的意图有多么固执和巧妙。单纯安慰她的失恋之痛，教她与人相处的方法，并不会改善贞仁的人生。

英语说"the moment of truth"，直译是"真实的瞬间"，正确的含义应该是"危机瞬间"。我觉得这句话包含着深刻的智慧。我们经历的许多"危机瞬间"，其实是多么巨大的"真实瞬间"！本来被遮盖的东西破裂，底下的东西暴露出来的瞬间。

咨询者前来咨询，目的不是改变自己，而是想依赖咨询师。失去愤怒对象，或者没有人愿意看自己流泪的时候，贞仁遇到了总体性的危机，于是试图寻找熟悉的方式。最安全的方式就是支付咨询费，寻找放心依赖的人。前面我说分析不能仅凭共鸣或支持，原因就在这里，必须看透咨询者的潜意识意图，并在危机瞬间促成进一步的破裂。如果咨询者自己能够完成这次破裂，自然再好不过了。

二十八岁，这是个意味深长的年龄。男性可以通过社会自我（职业或事业）比较稳固地认识自我，而贞仁这样的女性却无法摆脱社会认识，很难描绘出三十岁的人生画卷。贞仁必须在爸爸和妈妈之间做出选择，在社会自我和个人自我之间做出选择。此时此刻，她就站在岔路口上。

作为被爱的人，是选择结婚这个消除不安的方式，还是选择社会自我，实现真正的自我？三十岁的焦虑终于来了。

渴望稳定的生活，可是恋爱失败，站在人生的重要岔路口，我究竟该选择结婚、职场，还是学习？这几乎是所有女性为之苦恼的问题。贞仁把这种状况视为总体危机。自我和未来，没有哪样是确定的。在这种情况下，恋爱的失败带给贞仁的是难以承受的焦虑。

我们打个比方，现在的贞仁好像是站在某扇"门"前。塔罗牌中间有一幅孩子站在大门前的画面。仔细观察这扇门，会发现它没有上锁，然而孩子却以为它锁着，在门前站了很久。其实只要推一下，就能知道它没有锁。


莎士比亚说我们都是舞台上的演员。我们各自上演着自己的角色。我们需要松一口气。如果知道是哪个剧本塑造了现在的我，恐怕会以不同的方式去演绎。

这个剧本可能会成为个人的家族史。我们应该深刻思考,过去的生活以怎样的方式操纵现在的自己?想要斩断反复的关系模式总是很难。我们应该再次访问过去的感情和经历,看看我们有哪些幼年的回忆,有过什么样的信念,这些经历对我产生怎样的影响,家人的反馈怎样分裂、零散地发挥作用。

通过这些深度反省,我们可以做出新的决定。通过爱别人而摆脱被爱的模式,才能真正接纳自己。这个瞬间,我们与存在的自我相遇。尽管有时焦虑,有时彷徨,有时依赖,却仍然在寻找自我。像这样能够接纳孤独真相的独立个体相遇,自由地走到一起,这是最理想的关系。

不要只对别人表现出关照和牺牲的态度,重要的是也要把这种态度用于自己。拉康说爱就是"对不情愿的某个人付出自己没有的东西"。而我们只是付出自己拥有的东西,就想以此换取对方的爱,不是吗?付出自己没有的东西,这才是爱。付出自己没有的东西,对象不仅是他人,首先应该是自己。

## 抑郁，是对自己的愤怒

躺在床上，智秀仍然想着白天发生的事情，辗转反侧，无法平息愤怒的心情。因为同年进入公司的同事友贞的几句话。

今天，智秀穿着周末新买的连衣裙上班，友贞见了她就随口说了句"哦，买新衣服了"。中午和部门同事吃饭的时候，她却说了许多不是称赞，也不是批评的话："你看她，穿得有点儿性感。老实的猫最先爬上锅台，白天老实，夜里会不会就变了？"男同事嘻嘻笑着，一名同事说："下班后我得跟踪智秀小姐，看看她到底变成怎么样。"

智秀心里很难过。如果对听起来像玩笑的话表现得过于严肃，友贞肯定会哄她说"我不过是开个玩笑，你却恨不得要杀了我"，智秀总不能因为这样一句话就在吃饭的时候吵架。智秀强忍着愤怒吃饭，突然看到友贞的胸口暴露得很多。"友贞小姐的衣服够性感的呢，里面都露出来了。"她很想这样说，然而他们已经开始议论课长了，自己又晚了一步。回到办公室，智秀还没消气。

　　智秀觉得自己总是这样，心里更加难过。她为自己总是慢半拍而气愤。高中是这样，大学是这样，参加工作了还是这样。人们说着对她不是很友好或者让她难过的话，她却不能当场辩驳。她多想从容自如地应对，既不破坏气氛，又能震慑对方。结果，她一句话也说不出来，只能转过身默默难过、暗自愤怒。等到她绞尽脑汁，总算想出能够打击对方的话，却为时已晚。

　　如果向朋友倾诉这种苦恼，朋友会说："那是因为你慢了一步，第二天悄悄把她叫出来，告诉她当时你很生气。"第二天想到要和那个人说话，她的心里就七上八下，怎么也说不出口。大学期间，社团的后辈指着她喜欢的男前辈，摇头晃脑地说："姐姐，你好像喜欢那位前辈，为什么总是在他面前嬉皮笑脸的？"她很生气，却也是一声不吭，回到家里生闷气。第二天，她终于鼓起勇气单独对后辈说起这件事，后辈却说："哎呀，姐姐，我不过是开玩笑而已，你怎么这样？姐姐你太敏感了！"她非但没听到后辈道歉的话，反而更生气了。从那之后，只要想到单独和惹自己生气的人说话，她就感到紧张和恐惧。

参加工作之后，竞争更激烈，到处都是看不见的阿谀奉承。男女职员之间奇妙的吸引和明争暗斗日益加剧，不动声色地互相诋毁和伤害也更加严重。智秀时不时中招，成为别人伤害、取笑的对象。她经常为自己迟钝的反应痛心疾首。

这种事情多了，愤怒渐渐积聚在心底，后来不知从哪天开始，只要遇到这种事，她就会好几天闷闷不乐。不愿去公司，也不愿见人，最重要的是，她讨厌自己的这个样子。三十多岁了，结婚也两年多了，怎么说也是成人了，看起来却很没出息。以前还可以跟丈夫诉苦，缓解心情。然而这种事一次又一次，反反复复，丈夫也感到郁闷，渐渐地听腻了。

我们身边像智秀这样的人，远比想象中的多。

智秀的困境似乎很普遍，日常生活中的每个人都有可能遇到。不过，这种事在女性身上发生得更多。尽管不是病理性问题，也不算多么严重的状况，然而这种事情多次反复，会使人对人际关系失望，对人心生厌恶，甚至放弃与人交往，还有可能发展到更糟糕的地步。

欺负智秀的友贞是个什么样的呢? 像友贞这样的人, 每个集体或组织里都有可能存在。如果集体内部有谁比自己漂亮、出色, 或者更引人注目, 她就会找对方的麻烦。这种人有着很强的嫉妒心。从心理学的角度来看, 这些人对他人还有着很强的控制欲。他们无法忍受自己被人控制, 于是反过来控制别人。他们觉得, 如果不先发挥控制力, 就会被对方控制。他们强烈渴望控制局面, 牵制对方。

他们也很想得到认可, 对于权力的欲望非常强烈。只是他们觉得, 如果露骨地表达自己的欲望, 容易显示出强迫性, 于是通过贬低他人来吸引注意力, 从而掌握权力。如果你表现得软弱, 那就很可能被这样的人欺负。智秀的痛苦来源于此。

然而, 无论是智秀还是友贞, 她们都把过分的自爱当成自尊。其实, 从心理学角度来看, 自尊心才是徒劳的自爱方式。她们大多不是为了取得成就而专注于工作或者朝着目标奋进, 而是不断地除掉妨碍自己取得成就的人或事。为了方便大家理解, 我举个例子。喜欢上某个男人, 不是默默地喜欢, 而是先行清除男人身边的女人。不是努力接近目标, 而是把更多的精力用于铲除障碍物。

时代已经变了, 然而仍有很多女性不敢说出自己想要什么。她们害怕说出心事这个行为本身，所以不去努力实现，而是渐渐习惯了失败，不是吗？友贞就是这样的女性。

借用荣格的理论，智秀和友贞是彼此的影子。

也许智秀自己没有意识到，其实她也希望自己能像友贞。虽然回到家里后悔和愤怒，捶胸顿足，但是她自己也渴望像友贞那样做。或许友贞也羡慕比自己文静，更有女人味的智秀。

我们不能不看看智秀的家庭关系。

智秀上面有个姐姐，下面有个弟弟。小时候，她的父母忙于经营店铺，经常是姐弟三人一起生活。姐姐在三个人之间充当队长角色，经常责怪智秀太磨蹭。

姐姐很精明。妈妈给钱让他们买零食，姐姐买两袋，自己吃一袋，把另一袋扔给智秀和弟弟，让他们分着吃。剩下的钱则揣进自己的腰包。晚上父母回来，如果智秀和弟弟告状，姐姐就说："钱得省着点儿花，妈妈给钱我们就花光，那怎么行？"说完把剩下的钱塞进储钱罐，蒙混过关，让智秀和弟弟哑口无言。父母表扬姐姐节约，让他们听姐姐的话。等到储钱罐满了，姐姐就说那是她攒的钱，想怎么花就怎么花。

智秀觉得自己永远无法打败姐姐。不知从什么时候开始，她放弃和姐姐争斗。直到现在，姐姐仍然对父母掌控自如，得到了他们的信任，巧妙地使唤着弟弟妹妹。

听了智秀的家庭情况，我基本能理解她的郁闷了。但是，一个人的问题不能完全归咎于他人和周围的状况。问题发展到这个地步，难道智秀就没有责任吗？智秀觉得自己总是慢半拍，那她为什么会慢呢？

智秀说，每次想到要和攻击自己的人对峙，就会先害怕，心跳也随之加快。其实，这个习惯是她小时候养成的。父母在外面工作，姐姐掌握权力，控制着自己和弟弟，肆意妄为，她也束手无策。没有谁挽救她和弟弟，也没有谁向她提出合理的建议。智秀总是处于恐惧状态。她觉得自己回应攻击者总是慢半拍就是这个缘故。

如果我们更加深入地观察就会知道，她不仅是反应慢的问题，更重要的是她在接近自己的欲望或者表现欲望的时候总是慢半拍。之所以回到家里悔恨交加，就是因为她没能表达自己的欲望。

为了让影子消失，必须让自己暴露在光芒之中。智秀也需要表达自己的感情和欲望。她又不想太狼狈，也不想让别人看到自己狼狈的样子。她害怕顶撞对方会让对方更加狡猾地欺负自己,给人们留下更坏的印象。

也就是说,相比大胆表达自己的想法和感情,智秀试图掩饰这些想法的欲望更为强烈。

明明不敢回应,却又害怕一旦真的回应对方,从前积累在心里的感情会爆发出来,说不定会演变为攻击行为。智秀害怕自己会真的发怒,把握不住分寸。所以,她不是害怕姐姐或者友贞,而是害怕自己内心的愤怒。

还有一件事。友贞对智秀的衣服指指点点的时候,智秀联想到了以前后辈说过的关于男前辈的事。她会因为友贞和后辈的一句话而难过,究竟是为什么呢? 因为智秀在强烈抗拒"看起来性感的女人"和"对男人摇头晃脑的女人"这两句话。如果本人不在意,也就不会对她们的话做出如此敏感的反应。智秀恐惧和忌讳自己像"那样的女人"。绝对不能像这样的女人,这种过分的判断更让智秀痛苦。

也许智秀真的很有魅力,引起了友贞的忌妒。如果真是这样,她完全可以享受自己具有女性魅力的事实。这样就不会有任何人指责她了。友贞那么说,也可能是出于忌妒或羡慕心理,智秀却把对方的话理解成了指责。

也许智秀在内心深处希望自己有魅力,又不想被别人发现。这种隐蔽的欲望被别人戳穿，她才会做出过度反应。只想在合适的时间适当地暴露自己的欲望，却以自己不想要的方式暴露出来了，智秀因此感到愤怒。

这样看来，智秀并不是对他人的攻击反应缓慢，而是对自己，对自己的欲望做出的反应慢了半拍。再加上担心破坏别人对自己的印象，最后连愤怒也不敢表达了。

一直以来，智秀都以不表达欲望的方式包装自己。令人担忧的是，智秀的愤怒已经变成了忧郁。忧郁连接着丧失和悲伤。

父母或配偶去世，或者和亲密的人离别之后，人们都要经历一些特殊的阶段。首先是丧失阶段。很多人在失去亲人之后会自责。那天，如果我那样做，如果去更大的医院，如果我不出门，如果事先知道，采取措施……这种感情会变成对自己的责备。在束手无策、无力挽回的情况下，犯罪意识逐渐加深，甚至转为抑郁。

很多前来咨询的女性都因抑郁症而痛苦。听她们讲述自己的事，大多对公公婆婆、丈夫或娘家充满愤怒。她们又不能发泄愤怒，什么都做不了，自责和因不能保护自己而产生的愤怒纷纷指向自身。

对某人发火或压抑自己的情绪,这些都是自我破坏行为。应该在适当的时间向合适的对象表达自己的感情。当这些做不到的时候,那就只能向间接对象过度发泄愤怒。其实我们是因为愤怒而抑郁。当愤怒指向自己的时候,只要对合适的对象适度发泄出来就行了。如果把愤怒埋藏在心里,强行压制,那么自我价值和自尊就会降低。

坦率地说,智秀的隐秘欲望是向别人展示自己的魅力,尽情表现自己。如果因为身边的人那么说而生气,那是因为她没能洞察到自己的欲望。只是关注别人会怎样看自己,却没有想清楚自己想要什么,仅仅因为欲望被对方发现就恼羞成怒。

身边的人想说什么都能说出来,而她却做不到,智秀因此伤心,感到委屈。也许放弃和姐姐争吵是她之所以变得如此压抑的重要的契机。智秀很可能从友贞或后辈身上看到了姐姐的身影。这在精神分析学上叫做"转移(metastasis)"或"投射(projection)"。愤怒的直接对象姐姐不在智秀身边,她就把友贞和后辈放在了姐姐的位置。

智秀又回到了童年时代,看到了那个面对姐姐什么话都说不出来的自己。

现在有没有人诱发你的痛苦感？有没有人让你生气、沮丧或忧郁？如果有，请你检查。这个人是不是唤起了你以前经历过的某个场面或某种感情？肯定有某个人或某件事，尽管自己没有意识到，或者来不及去想，就唤起了同样的感情。我们应该找出唤起这种感情的最初经历，看看当时的感情是怎样表露，又是怎样应对的。

智秀从来没有反抗过姐姐，也没有打败过姐姐。后来面对相似的状况，结果也总是不如意。遇到攻击自己的女性的瞬间，智秀就回到了童年时代，那些攻击智秀的人就相当于童年姐姐的角色。

这种时候，如果对智秀说："有什么好怕的？和她对着干！"显然没有任何帮助。对于僵在那个时刻和场面的智秀来说，这种司空见惯的建议几乎没什么作用。这就像过去某个时间的感情没有正常流淌，而是漏到某个地方，不断地发生不必要的感情消耗。

荣格说，人在内心深处经常催促自己恢复，追求完整性。这叫做"自我（self）"。"自我"向我们发出信号，要求我们把内心不经常使用或被扭曲的特征恢复到原来的状态，也就是我们内心深处没有受到损伤的原始状态。有时候，这个信息通过梦境表现出来，那是要求内心平衡的自我发来的信息。"这是你的人生问题发生和泄露的地方，也是那件事情被漏掉的部分。"

你必须站在过去的那个点上抓住泄露的感情。放弃和姐姐的矛盾之后，智秀不以为然，然而在那个地点总是泄露，某个瞬间终于塌陷。即使现在没有塌陷，也会在其他地方遇到这种感情。如果智秀生了女儿，发现女儿不像自己或者自我主张太强的时候，她也会从女儿身上看到姐姐的身影。

同时，我们从智秀身上发现了关系的迂腐和保守。智秀不是对人的反应缓慢，而是对建立新的关系反应缓慢。当建立新关系所需的力量生成的时候，她慢了半拍。她被束缚在过去的顽固的自我框架之中，面对当前的感情和欲望总是反应迟钝。

一只脚被过去束缚住了，现在她应该抽出被束缚的脚，重新看待自己。


我们对自我的反省也连接着对社会的反省。智秀面对的另一个课题就是反抗社会对女性的认识。男同事对服装评头论足，嬉皮笑脸，他们的言论是带有性歧视色彩的举动。对此，智秀选择了忍耐。

我猜她可能不想遭遇狼狈，所以选择忍耐，或者置之不理。如果对这种情况置之不理，友贞和男同事可能对他人也做出同样的举动。在社会生活当中，我们还可能遇到比友贞更过分的女性，甚至不乏成功之人。正是因为有了众多平凡而胆小的女性，对她们的攻击性和嫉妒心睁一只眼闭一只眼，她们才沦落到了今天的位置。你也许认为这些女性的问题只是个人的性格问题吧？如果从社会层面来看，那问题就变了。

智秀表现出了典型的小市民形象。虽然算不上大错，但是对社会的错误部分置之不理或者只在心里生闷气，任由事态发展，伤害她的人才会一而再再而三地伤害她。对伤害自己的行为隐忍不发，对伤害他人的事件视而不见，这就是对不义行为的放纵。

现在，智秀该做的是采用全新的方式回顾自己的过往，考虑自己和姐姐的关系，和社会的关系。我们也一样。

◇ 为·自·己，敢·不·敢·再·活·一·次 ◇

## 关系中没有单方面受害者

自由翻译家俊姬三十多岁了，还从来没谈过恋爱。

二十七岁的时候，耐不住家人的催促，她只好和姐姐介绍的男子见了面。男人性格不错，也很有风度。俊姬不排斥和他交往。可是，见过几次之后，伴随着两个人日渐亲密的关系，俊姬的不适感也随之加强。最后她和男人分手了。

后来，她又参加了几次相亲，结果都是如此结束。她也觉得这样不行，于是刻意去接近某个男性。她担心，对方会在某个瞬间发现自己的庐山真面目，从而彻底失望，讨厌自己。于是她连个解释都没有，就结束了两人之间的关系。

俊姬不仅不会恋爱，连与人相处都很困难。她害怕别人讨厌自己，不敢尝试走近别人，总感觉别人讨厌自己，即使想和对方做什么，也会遭到拒绝，所以她无法融入人群。她靠翻译和校对维持生活，也不需要与人打交道。久而久之，就更不适应与人相处了。

俊姬存在什么问题呢？她的心里有别人会拒绝自己的恐惧。她害怕和对方结成亲密的关系。

这种恐惧不仅俊姬有，很多人都担心吐露心事之后，都害怕人们了解到自己的真实面目后，就会不喜欢自己。相比于此，他们会倾向于轻易不肯表达感情，与人相处时非常消极。那些拥有负面自我印象的人大多如此。

上咨询课的时候，偶尔我会和学生们做这样的活动。两人一组，"闭上眼睛，想些难以启齿的事情或者只属于自己的想象、梦想、妄想、儿童时代的经历，说出来会让别人觉得我糟糕透顶的事情"。睁开眼睛之后，我让他们把自己想到的事情告诉坐在旁边的同伴。

起先，所有人都不愿意。不过我敢保证，说完之后，没有人会后悔，也没有人觉得自己的同伴不正常。大多会产生共鸣："一定很痛苦，对，我也是这样。"一旦说出来，说话的人自己也会觉得无所谓。对不能接纳自己的人草率说出心事，因而受到伤害，这样的情况偶尔也会发生，但是把惭愧的往事向成熟而安全的人倾诉，反倒是减少关系阻碍的好办法。

很多人认为，如果人们发现了我的真实想法后肯定会讨厌我。其实，正是这种想法在阻止人们建立良好人际关系。因为这样的预设，俊姬无法和人相处，连恋爱都不敢尝试。

不仅是女性，就是在男性当中也有不少人遇到过同样的困难。他们大多在兄弟关系中找不到存在感，或者从父母那里持续得到负面的反馈，于是缺乏自信，在社会生活和人际关系方面存在很多困难。俊姬有个学习优秀的哥哥，家里的宝贝姐姐，才华横溢的弟弟。

哥哥高中的时候，因为高考落榜，和父亲关系恶化；姐姐帮助妈妈照顾全家人的生活起居，为了改善家庭状况，她决定考商业高中，毕业后在稳定的公司上班，照顾父母，后来攒钱，凭借自己的力量上了大学，然后结婚；比俊姬小一岁的弟弟在绘画方面很有天分，考上了国内为数不多的美术大学，获得奖学金，到外国留学。

相比之下，俊姬没什么个性，也不是特别优秀，从小就得不到关注。


观察俊姬对人际关系的恐惧，我觉得应该不单纯是因为她对自己的负面印象。

人与人之间形成某种关系时，为了了解对方对自己的感

我·想·从·别·人·那·里·得·到·什·么

觉，我们需要很多信息。为了得到这些信息，那就需要综合以前与他人相处的经历，而俊姬恰恰缺少这些经历。比如："我这样做，对方会这样，那么我应该怎样怎样。"她缺少进入某种关系之前应该具备的基本信息。

也许是这个缘故，我对俊姬的印象归纳起来就是一句话，感觉她像个影子。除了工作，俊姬没有提到自己的其他情况，甚至说不出自己是个什么样的人。也就是说，俊姬没有自己的个性。

前面我说过，人是被凝视雕刻出来的产物。就像用无形的凿子雕琢的形态，我们的存在因他人的凝视而形成。这种凝视多半来自主要养育者，也就是父母。通过父母的视线，我们形成了对自己的印象。那么，俊姬就是因为缺少父母的关注，才在自我评价这件事上处于混沌状态。

也就是说，没能形成自我印象也许是因为缺少对"他人怎样看我"的认识，自己产生了不定型的感觉。俊姬的哥哥是家里的顶梁柱，集中了所有人的期待。父母的欲望全部倾注给了哥哥。姐姐掌握着家里的生计大权，可以说是妈妈的代理。弟弟是老幺，又是家里的才子。俊姬呢，什么都没有。

父母会以什么样的眼光凝视俊姬呢？

视线也是欲望。父母赋予了其他兄弟姐妹某种角色，他们都完成了自己的角色，只有俊姬是空的（我并不是说其他兄弟姐妹都很幸福）。俊姬没有建立起自我形象。父母对她没有任何期待和希望，所以她也没有形成自我形象的忌讳。这也许是俊姬最根本的痛苦。

他人的目光变成镜子，映出我们的形象。我们看不到自己，我们在别人看我们的眼睛里看到自己的模样。像俊姬这样，她无法从他人看自己的目光中接到任何信息，那么自然无法拥有自己的个性和特点。

我们再回到俊姬的童年，成绩好的哥哥从学校里拿回奖状，姐姐帮助妈妈，得到认可，弟弟是小宝宝，独占妈妈的爱。对于当时的父母来说，俊姬是可有可无的存在。也许他们只希望她是个诚实的孩子。

可是，如果这种情况继续下去，俊姬缺少的不仅仅是自信，而是压根儿就没有存在感。


这回我们换个角度思考。也许俊姬不是没有父母的凝视，而是她不想接受父母的凝视。因为父母的期望可能不是她想要的。也可能她领会父母凝视的感觉相对迟钝。

在家庭中，父母充当镜子的角色，孩子像照镜子似的领会父母的心，并且给予回答。在这个过程中，有的孩子对父母的期望非常敏锐。有的孩子，即使父母给予刺激或关注，也没有反应。不知是天性使然，还是因为养育态度和养育条件的原因，有些孩子能以适当的强度对他人的刺激做出反应的能力非常出色。这点俊姬不擅长，所以她认为自己不适合与人交流。

人的性格有天生成分，有的从记事之前发生的事情中受到了决定性的影响。后来如果没有其他经历或刺激，以前的影响很可能固定下来。比如，好老师或好长辈能给孩子带来良性刺激，孩子甚至会因为他们随口说的一句话产生自信，然而俊姬连这样的经历也没有。


俊姬说她很忌讳在社会场合表现自己。她的工作不需要经常和人打交道，和家人也没有形成亲密感，这样的工作环境和家庭环境促使她无法从容面对异性关系。在女性的成长中，如果她没有机会形成性别认同意识，那么她作为女性的成长也可能随之延迟。俊姬在两性交往中的表现、问题，恰是她在这方面成长的延迟。

我们之所以是社会人，正因为我们会做出交流和反应。俊姬不愿引人注目。她把自己放在了别人看不到的位置。这种位置和姿态使她和外界互不打扰。她不会受到刺激，不用做出反应，也不需要交流。

不管好事还是坏事，俊姬都没有机会表现自己，也不需要接受外界的视线。她学习很努力，但不是很出色。当然，她也不是埋头于自己的世界。像俊姬这样毫无存在感的人很多。我们每天见到的很多人不都是这样吗？他们甚至羡慕和忌妒那些哗众取宠的人。也就是说，他们有和人交往的欲望。

我想问个问题。俊姬是不是通过不动声色地找到自己的位置获得了某种满足？不引人注目，不逞能，不惹是生非，这种情况下俊姬得到了什么？

也许是确保"安全"。虽然是负面的方式，但至少可以确认自己的存在。"你看，我什么都做不好。"这也是确认自己的方法。这么说来，感觉俊姬不是为了成功而活，她是为了失败而活。

俊姬的生活也是令人羡慕的。虽然郁闷，但是不需要承担责任。很多人都为自己肩负的责任孤军奋战。让我们看看俊姬的周围。学习好的哥哥要为了学习出色而努力；姐姐一边帮助妈妈，一边创造自己的未来。智秀对姐姐的艰苦生活有多少了解呢？弟弟为了表现自己，努力奋进。俊姬只要保持现状就行了，谁也不去要求她，她可以不用努力做得更好。这也是俊姬对自己最失望的部分。反过来说，她不用继续努力或者勉强自己，也不会损失太多，至少拥有的不会被夺走，能够过平凡的生活。

只要她什么都不做，不惹是生非，别人就不会说什么，无论称赞还是责难。即使过得平凡，生活毕竟还是生活。什么都不用做，不用承担任何责任，当然身边也没有人理睬她。俊姬不是无色无味的影子，也不是符号，而是人，只是她本身不愿醒悟。事实上，很多人的生活都是这样。


俊姬的问题，该从哪里寻找答案呢？这个问题并不容易。父母的凝视形成了今天的俊姬。俊姬也不向自己提任何要求，最后成为可有可无的人。与人相处的时候，她也不知道自己可以做什么，自己是什么样的人。

现在，她的状态是不愿承认这一切。谁愿意承认自己从小到大没有得到过父母的期待？然而对俊姬来说，即使痛苦，也要接受这个事实。只有这样，才能继续解决问题。

到现在为止，我们推测俊姬的生活之所以变成这样，主要是因为她的自身气质和父母的养育态度。但是，难道俊姬的生命中从未有过和另一个自我相遇的经历吗？

首先，难道没有适合俊姬或俊姬喜欢的事情吗？她从事的翻译和校对工作比较麻烦，如果不喜欢也不可能完成。这份工作肯定有让她满足的地方。尽管她说是为了糊口不得不做，但是比起别的工作，俊姬的性格真的适合。俊姬有承受这份工作的能力。

不知道俊姬有没有过真心的感叹或感动。感动意味着把自己交付给某件事，放开自我，抛开一切。我们不知道她是否有过这样的经历，哪怕只有一次。没有任何期待，只是去尝试，去感受。如果没有这样的经历，也就无法获得感动。

与人相处的时候，如果不制造新的东西，当然很难感动。但是，间接经历也是经历。翻译书，雕琢文字，这对俊姬来说是怎样的经历呢？她肯定读过很多书，这些书为什么没能帮助她理解人生呢？也许书中的故事和主人公的经历没能打动俊姬，也许是因为俊姬的偏见或桎梏太过牢固。不符合自己的结构，她就不肯接受，或者无法理解。不，也许俊姬从来都没有过这样的想法。她不知道自己的结构是什么，也就想不到去使用，更谈不上打破。

俊姬平时也觉得自己很糟糕。她不希望别人看穿这样的自己。那么，她究竟哪里糟糕呢？她想做什么事情，觉得自己不行呢?

　　其实, 俊姬也没有具体想要做好什么事情。她只是经常思考什么事情适合自己, 却从未想过自己要以怎样的形象走向他人, 走向社会。她从未问过自己, 想要成为什么样的人。她没有全力以赴地创造自己的位置, 只要不被拒绝就行了。她从未尝试过在与人相处时主动承担责任。也许她只想保证最低限度的安全。其实我们应该对自己的人生负责, 不要回避与人相处时可能受到的伤害或痛苦。只有这样, 关系之路才会敞开。

　　如果想与异性结交, 首先应该知道自己想和什么样的异性相处。俊姬却不知道, 因此恋爱总是不如意。俊姬对自己的印象模糊, 对他人也没有什么具体的印象。

　　有个美术术语叫做构图。构图的时候, 首先要想象某种色彩和其他色彩结合时会出现什么颜色。如果不知道每种水彩的颜色, 当然也就不知道结合起来的效果。同样的道理, 不知道自己的色彩, 也不知道别人的色彩, 怎么可能绘出两者交集的色彩呢?

　　现在, 俊姬需要意识到这样的事实。她对他人, 对自己都毫无兴趣; 她不关心别人, 也不关心自己, 只关心别人眼中的自己。别人会讨厌我, 还是喜欢我? 她只关心这个问题。

对他人的关注与对自己的关注紧密相连。若想延续这个自然的流向，就不能只关心别人是否喜欢自己，而是要接触那个人本身。不管他人还是自己，只有真正的关心，才能形成关系。如果只是封闭在真空般的生活里，那就什么事也做不成。

关注他人，必须看到他人脆弱的一面，而且自己的缺点也必须暴露。当然，暴露自己的软肋，的确是可怕的事。

我也有过这样的恐惧。在社交场合见到比自己年长或者有权威，或者经历丰富的人，我会害怕。碰到人多的场合，我会感觉自己不适合。不敢随便开玩笑，面对他人的情绪反应，做出的回应也不自然。所有的心思都用来考虑别人会怎样看自己，结果就感觉自己不该来，心里很痛苦。

随着与他人相处，我渐渐知道，所有的人都一样。受人称颂的教授或专家也具有人性的弱点，每个人都怀有或多或少的恐惧。某个瞬间，我突然觉得"原来所有的人都害怕"，了解了这个之后，和人相处反而自然而轻松了。因为我知道，我们每个人都有脆弱的一面。


也许俊姬很擅长比较。也许她不单纯是不会与人相处，还有连自己也不知道的世俗。试图让自己迎合他人的评价，这

◎ 我·想·从·别·人·那·里·得·到·什·么 ◎

种焦虑来源于对他人评价的焦虑。也就是说，我对评价非常敏感。根据自身条件，总是觉得自己不行，看别人的时候也是这样。

我们生活在习惯于做出评价的社会。阿兰·德·波顿说，人有两种，母亲和俗物。俗物太多，我们很可怜。在这样的社会中，我们每个人都担心自己会不会被接纳。很多人习惯于判断自己是否符合外界的视线。

谁都不能对他人做出评价。我们不能评价某个人，然而我们每个人又都按照他人评价他人的方式去做。也许这才是俊姬应该改掉的部分。


从依恋理论来看，俊姬在关系中属于"回避依恋（avoidant attachment）"。通常而言，依恋关系中朝向关系的水龙头是开着的，而回避依恋的水龙头则处于关闭状态。这种情况大多来自童年时代与父母的关系。

无论如何，我们应该练习打开关系的水龙头，开辟水路。如果俊姬觉得这样生活很舒服，也可以继续。然而俊姬感到痛苦，不是吗？她想走向他人，却做不到。她想和人交往，却做不到。这让她感到痛苦。不要再回味痛苦，从现在开始改变吧。

俊姬说，除了父母，没有人照顾过她。走出家庭这个封闭回路并非易事。要么自己打破牢笼走出来，要么外界发生突然事件，此外没有别的办法。不管是自己做的，还是其他事情，总之需要直面痛苦的重要经历。

俊姬应该记住，自己的问题不仅在于家人。她认为自己是受害者，其实不是。这种努力有助于她理解自己，进入关系的世界。关系中不存在单方面的受害者，我们必须认识到自身的责任。如果不完成自己的责任，也就无法成长。

# 尾声

抛弃讨好世界的欲望，你就自在了

从新西兰留学归来后，我在非传统学校做过校监。那里有各种形态的学校和文化共同体，大女儿和小儿子也跟我在这个共同体里学习。

一天下午，还不到八岁的儿子找到我说肚子饿了，于是我们早早去了食堂，点了叉年糕、方便面等面食。暮夏时节，天气依然炎热，阳光从窗户照射进来，我们忍着炎热吃饭。周围没有人，我注视着认真吃饭的儿子。我用筷子夹起方便面，突然觉得："啊，我真的好狼狈。"

那个瞬间，我感觉人生停止了。我准确地看到了"我"。那是我给予自己的承诺和启示，也是对往昔岁月的证明。那个瞬间，我同时看到了自己的前和后。我觉得哪怕我的人生到此结束，我也无怨无悔了。

短短一行感悟也许对你没有什么启发。对我来说，那也不是强烈的感动或激情的领悟，就像某种理所当然的现象摆在面前，我无法生动地描绘。但是，我无法抗拒存在的狼狈，存在本来就是狼狈的事实。从那之后，我开始领悟。

回顾此前的生活，我感觉那简直是遗弃和抛弃的延续。那是焦虑而辗转的岁月，最后的结局就是"啊，我真的好狼狈"。简陋的生活给了我信任。

从那之后，虽然相信别人越来越难，但是我渐渐地对人生有了爱。

如果说有什么动机把我赶到世间，那就是"先知者的责任感"。

我说的"放弃"是为了保存和捍卫我们人生的简陋。

是的。我们要做的，就是意识到我们都很狼狈。

这样我们就可以对人心生怜悯，从而让我们不会变得更加狼狈。

那些摧毁世界，带给他人痛苦的人，都是因为过分膨胀的欲望。

抛弃想要成为某种人的欲望吧。

想想，你是什么样的人？